U0263319

# 渗流力控制水力压裂理论与技术

王海洋　著

中国石化出版社

·北京·

## 内 容 提 要

本书在石油工程水力压裂研究领域首次引入渗流力的概念，揭示了渗流力对岩石单元体的微观作用机理，建立了适用于石油工程岩石力学领域的渗流力理论力学模型。在此基础上，推导了考虑渗流力作用的地层破裂压力解析解，明确了渗流力作用对地层破裂压力的影响机理，分析了瞬态渗流情况下渗流力对水力压裂裂缝起裂的作用机理；开发了考虑渗流力作用的离散元流固耦合算法，揭示了渗流力作用对水力压裂裂缝扩展的控制机理。

本书可供从事压裂技术工作的科研人员和技术人员，以及高等院校石油工程、采矿工程相关专业师生阅读参考。

**图书在版编目(CIP)数据**

渗流力控制水力压裂理论与技术／王海洋著．
北京：中国石化出版社，2024.11. ‐‐ISBN 978‐7
‐5114‐7722‐4

Ⅰ. TE357. 1

中国国家版本馆 CIP 数据核字第 2024PR2061 号

**中国石化出版社出版发行**

地址:北京市东城区安定门外大街 58 号
邮编:100011   电话:(010)57512500
发行部电话:(010)57512575
http://www. sinopec-press. com
E-mail:press@ sinopec. com
天津嘉恒印务有限公司印刷
全国各地新华书店经销

*

710 毫米×1000 毫米 16 开本 8.75 印张 152 千字
2024 年 11 月第 1 版   2024 年 11 月第 1 次印刷
定价:68.00 元

# 前　　言

　　石油和天然气的稳定供应对保障我国能源安全至关重要，富煤少油缺气的资源现状，加上全球第二大经济体的巨大油气需求，导致我国石油和天然气长期依赖进口。当前，易开采的常规油气资源逐渐减少并接近枯竭，对难开采的非常规油气资源进行高效开发将成为缓解我国能源供需矛盾的主要手段。水力压裂技术作为改善油气渗流状况、提高油气采收率的重要技术，在国内各大油田的非常规油气储层开发中已得到广泛应用，未来该项技术的发展进步直接影响我国非常规油气资源的开发效果。

　　就压裂技术而言，了解并掌握水力压裂裂缝的起裂与扩展机理，对于压裂施工方案的优化设计至关重要。传统上，由于在油田现场使用的压裂液黏度较高，所以常规压裂设计往往不考虑通过渗流进入岩石孔隙的流体与岩石骨架变形的动态耦合作用。但是，随着滑溜水和超临界 $CO_2$ 等低黏度压裂液在非常规储层中的大规模应用，压裂液通过渗流进入储层对岩石骨架施加的渗流力作用已经不能被忽视，大量的实验与数值模拟研究已经证实，低黏度压裂液通过渗流进入储层会对水力压裂裂缝扩展与缝网形成产生显著影响。然而，截至目前，国内外尚未有学者系统地开展过这一方面的研究工作。渗流力对岩石单元体的微观作用机理，以及渗流力对水力压裂裂缝起裂与扩展的影响机理尚不清楚。

　　基于此，笔者依托所承担的科研项目，采用理论分析与数值模拟相结合的手段，对渗流力作用下水力压裂裂缝起裂与扩展机理展开了系统、深入的研究。本书共包含7章。其中，第1章主要介绍了渗流力发展现状及水力压裂裂缝起裂与扩展研究现状；第2章基于毕奥特三维固结理论建立了渗流力理论力学模型，以圆筒为例推导了考虑渗流力作用形成的应力场解析解；第3章、第4章全面、系统地分析了稳态渗流与瞬态渗流作用下渗流力对裸眼井和射孔井水力压裂裂缝起裂的影响机理；第5章基于离散元颗粒流方法建立了水力压裂裂缝扩展动态数值模拟模型；第6章、第7章基于裂缝扩展模型分析了渗流力作用对均质储层、非均质储层裂缝扩展的影响机理，研究了渗流力作用下天然裂缝与水力压裂裂缝的交互扩展规律。通过对以上7个章节内容的研究和总结，形成了较为成熟的考虑渗流力作用的水力压裂裂缝起裂与扩展理论技术，该理论可为非常规储层水力压裂施工方案的优化设计、压裂液的优选等提供强有力的理论支撑。

在本书的编写过程中得到了西安石油大学优秀学术著作出版基金、国家自然科学基金重点项目——"水力压裂裂缝轨迹可控性理论基础 - 非均质地层裂缝控制理论基础研究"（编号：51934005）、联合基金项目——"超深储层水力压裂改造裂缝轨迹延伸机理与控制方法研究"（编号：U23B2089）、陕西省自然科学基础研究计划项目——"渗流力作用下水力压裂缝网形成与控制机理研究"（编号：2024JC - YBQN - 0554）联合资助，在此表示感谢。

书中成果为笔者近五年在水力压裂技术领域研究成果的系统总结，适用于各石油院校、科研院所及企事业单位从事非常规油气开发的技术人员和科研人员。近年来，国内外大量的学者已经对非常规储层水力压裂技术进行了深入研究，但目前仍然存在许多理论和技术问题亟须解决。在此，笔者急切希望与同行共同努力，在水力压裂相关技术研究领域中不断取得新的成果。

由于时间仓促，加之笔者水平有限，书中难免存在不足之处，敬请读者批评指正。

# 目　　录

# 第1章　绪论

自 1947 年美国首次实施水力压裂并取得良好开发效果以来，水力压裂技术在过去的几十年里得到了迅猛发展，该技术主要是利用地面高压泵组，将压裂液以超过储层吸收能力的排量泵入井中，在井筒中形成高压，当压力克服了井壁附近的地应力及岩石的抗拉强度时，地层就会发生破裂形成裂缝。水力压裂技术作为改善油气渗流状况、提高油气采收率的重要技术手段，在国内各大油田的非常规油气开发中已得到广泛应用，未来该技术的发展进步直接影响我国非常规油气资源的开发效果。

就水力压裂技术而言，首先要研究的就是裂缝如何起裂及扩展的科学问题。传统上，油田现场使用的瓜胶压裂液黏度较高，为了简化该问题，常规压裂设计不考虑通过渗流进入岩石孔隙的流体与岩石骨架变形的动态耦合作用。但是，随着滑溜水和超临界 $CO_2$ 等低黏度压裂液在非常规储层中的大规模应用，已有室内压裂实验结果表明，压裂液通过渗流进入储层岩石孔隙会对水力压裂裂缝的起裂与扩展产生显著影响。实际上，土力学已有研究证实，流体通过渗流进入岩土时会形成具有一定孔隙压力梯度的渗流带，渗流的流体会对岩土骨架施加渗流力，而渗流力形成的应力场会直接改变岩土骨架的有效应力，从而显著影响岩土的变形和破坏。然而，截至目前，尚未有学者系统开展过这一方面的研究。渗流力对岩石单元体的微观作用机理，以及渗流力对水力压裂裂缝起裂与扩展的影响机理尚不清楚。

## 1.1　渗流力研究现状

渗流力是土力学的重要概念，国内外学者对渗流力的研究与应用几乎都集中在土力学上，在石油工程领域鲜有相关研究报道。在经典的土力学教材中，将单位体积土体内土骨架受到的孔隙水的渗流作用力定义为渗流力。目前，土力学渗流力的宏观定义式从基于太沙基一维固结理论建立的狭义渗流力表达式，逐渐发展至基于毕奥特三维固结理论建立的广义渗流力表达式。

如图 1-1 所示，在稳定渗流条件下，以土体渗透破坏试验为例，分析渗流力的作用(不考虑重力以及浮力)。设入口端压力水头为 $h_1$，出口端压力水头为 $h_2$，流体流动过程中，岩土颗粒的拖曳摩擦作用使流体消耗了机械能，造成压力下降，产生了水头损失，因此考虑水体隔离体的平衡条件可得：

$$\gamma_w h_1 - jL = \gamma_w h_2 \qquad (1-1)$$

式中  $j$——渗流力，大小与单位土体内岩土颗粒施加给流体的渗流力相等，方向相反，$N/m^3$；

    $L$——水柱的长度，m；

    $\gamma_w$——流体重度，即单位体积流体的重量，$N/m^3$。

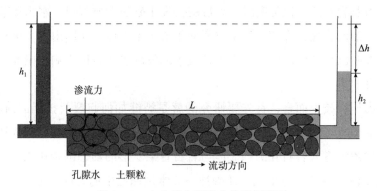

**图 1-1  土力学中渗流力作用示意图**

由式(1-1)可得：

$$j = \frac{\gamma_w(h_1 - h_2)}{L} = \gamma_w i \qquad (1-2)$$

上述在推导渗流力方程时，假定孔隙水隔离体面积与土柱面积一致，为单位面积 1，而实际上如果取孔隙率 $n$ = 孔隙水隔离体面积/土柱面积，则渗流力公式可校正为：

$$j = n\gamma_w i = n\nabla P \qquad (1-3)$$

式中  $\nabla$——哈密顿算子；

    $P$——孔隙压力，Pa。

式(1-2)和式(1-3)是基于太沙基一维固结理论建立的渗流力表达式，其基本假设为不考虑孔隙水压强对土体变形的影响，认为土体的强度和变形由不包含孔隙水压强的其他外力作用产生的土骨架应力决定。实际上，流入土骨架流体的水压强作用会引起岩土颗粒的体积变形，基于毕奥特建立的三维固结理论，丁洲祥提出了适用于广义多孔介质（土体、岩石等）的广义渗流力计算公式：

$$\hat{J}_i = \eta_{ij}\frac{\partial P}{\partial x_j} \qquad (1-4)$$

广义渗流力 $\hat{J}_i$ 在力学中是指广义有效应力系数张量 $\eta_{ij}$ 和总渗流势梯度 $\partial P/\partial x_j$ 的点积结果。

渗流力的所有宏观定义基本形式一致，其大小取决于孔隙压力梯度的大小，不同点在于不同情况下要乘以不同的校正系数。如果颗粒为完全的分散体，则可视孔隙水隔离体面积与土柱面积一致，此时式（1-2）无须校正；如果颗粒间堆积比较紧密，不能忽视横断面上颗粒所占据的面积，此时式（1-2）应该考虑乘以校正系数（孔隙率）；如果颗粒间胶结较强，孔隙水压力作用会导致多孔介质发生体积形变，进而影响渗流场，则式（1-2）应该考虑乘以校正系数（有效应力系数张量也即毕奥特有效应力系数）。

# 1.2　渗流力宏观数量级分析

当流体流经岩石孔隙或者土体时，渗流的流体会对岩土颗粒表面施加拖曳力与法向水压力，土力学教材中将流动流体对单位体积岩土颗粒施加的渗流作用力定义为渗流力。为了克服渗流力的反作用力，流动流体产生了压力损失，形成了水力梯度。在油气田开发过程中，各种工作液在岩石孔隙、喉道中流动时同样会产生水力梯度，渗流的液体会对岩石骨架施加渗流力作用。根据丁洲祥等提出的广义渗流力计算公式，笔者对渗流力的数量级进行了初步探究。

假设流体沿着 $x$ 轴方向单向渗流通过 $1cm^3$ 的岩样，则在稳态达西渗流条件下，$1cm^3$ 的岩样在不同流体压差和毕奥特有效应力系数下所受的渗流力大小如图 1-2 所示。假设岩石密度等于 $4.5g/cm^3$，则 $1cm^3$ 的岩样所受的重力等于 $0.045N$。然而，从图 1-2 可以看出，对于 $1cm^3$ 的岩样，即使孔隙压差很小等于一个大气压（$0.1MPa$）时，渗流力最大（$\alpha=1$，$\alpha$ 为毕奥特有效应力系数）也可达到 10N，远远超过同等大小岩样所受的重力；即使岩石的毕奥特有效应力系数小至 0.2 时，其在 $0.1MPa$ 孔隙压差作用下的渗流力也可达到 2N，同样远远超过岩样所受的重力。当孔隙压差达到 $1.0MPa$ 时，$1cm^3$ 岩样所受渗流力最大可达 100N，其作用完全是不可被忽略的。随着孔隙压差的增大，不同毕奥特有效应力系数下岩样所受渗流力的差距越来越大，毕奥特有效应力系数越大，大孔隙压差下渗流力的作用越强。

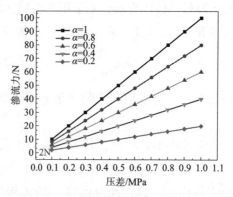

**图 1 - 2   1cm³ 岩样在不同压差和毕奥特有效应力**
**系数下所受渗流力(单向稳态达西渗流)**

如图 1 - 3 所示,在水力压裂裂缝起裂与扩展过程中,井筒压力和缝内压力可能会达到数十兆帕。当压裂液难以通过渗流进入岩石孔隙时[图 1 - 3(a)],储层基质的水力梯度非常小,渗流力的作用几乎可以被忽视,此时压裂液通过井筒或者裂缝将水压力以面力的形式施加在岩石表面上,使水力压裂裂缝起裂或者扩展。然而,当压裂液通过渗流进入岩石孔隙时[图 1 - 3(b)],在水力梯度作用下,在岩石基质中渗流的流体会给岩石骨架施加渗流力的作用,作用在岩石骨架上的渗流力必须通过岩石骨架有效应力的变化来抵消,从而保持力的平衡状态,因此渗流力将直接改变储层岩石的有效应力场。

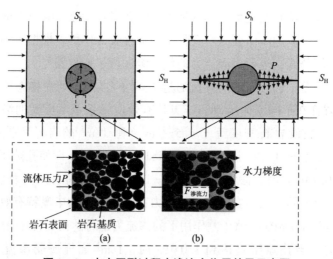

**图 1 - 3   水力压裂过程中渗流力作用效果示意图**

# 第2章 渗流力作用机理及其形成的应力场

本章通过对岩石微观单元体进行受力分析，建立了渗流力作用下单元体的有效应力平衡微分方程和应力边界条件，分析了流体单独作用于岩石时单元体受力的两种形式。基于所建立的渗流力理论力学模型，推导了圆筒周围渗流力作用形成的有效应力场解析解，分析了不同因素对渗流力作用形成的应力场的影响机理。

## 2.1 渗流力理论力学模型建立

### 2.1.1 渗流力作用下岩石单元体应力平衡微分方程的建立

为了建立适用于石油工程岩石力学领域的渗流力理论力学模型，首先需要建立流体在孔隙、喉道中流动岩石微观单元体的受力模型。此前已有许多学者基于离散元颗粒流的管域法，模拟了流动的流体与岩石颗粒间的相互耦合作用，该方法已经得到了数值模拟和工程实践等各方面的验证。如图2－1所示，在岩石颗粒模型的基础上，采用管域法将流体在岩石孔隙中的渗流等效为流体在流体域网络中的流动，流体域之间借助圆管进行流体交换，流体在圆管中的流动方式被假设为黏性不可压缩流体的圆管泊肃叶流动。

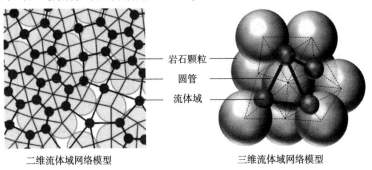

二维流体域网络模型　　　　　　　三维流体域网络模型

**图2－1　离散元流体域网络模型**

按照颗粒流管域法，本章首先建立了颗粒大小均一、完全规则排列的立方体岩块模型[图 2 - 2(a)]。然后，从岩块模型中割离出一个包含孔隙、喉道的单元体，则该单元体对应的流体域网络模型如图 2 - 2(b)所示，其中孔隙、喉道被互相垂直且可以进行流体交换的圆管代替。假设岩石是各向均质、同性的多孔介质，岩石颗粒之间的应力应变关系满足线弹性理论，则可以将该单元体等效为图 2 - 2(c)所示的包含圆管的弹性单元体。进一步，可以利用弹性单元体并结合线弹性理论，对流体渗流通过圆管时，渗流力作用下单元体力的平衡状态进行分析[图 2 - 2(d)]。

根据离散元颗粒流的管域法，本章同样假设流体不可压缩且黏度系数恒定，将图 2 - 2(c)中流体在孔隙、喉道中的流动视为具有恒定横截面圆管中黏性不可压缩牛顿流体的层流流动，即泊肃叶流动。岩石基质中非牛顿流体的渗流现象及滤饼的影响不在本书的研究范畴之内。

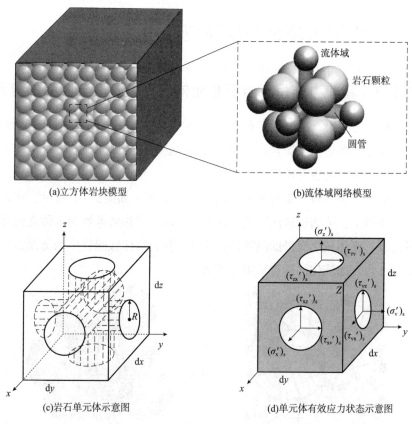

(a)立方体岩块模型

(b)流体域网络模型

(c)岩石单元体示意图

(d)单元体有效应力状态示意图

图 2 - 2　相关模型及岩石单元体示意图

计算流体对单元体骨架内部孔隙表面施加的摩擦力，以沿着 $x$ 轴方向单向流动为例，则泊肃叶流动条件下流体的速度为：

$$u(r) = (\partial P/\partial x)(r^2 - R^2)/(4\mu) \qquad (2-1)$$

式中　$u(r)$——距离管轴 $r$ 处流体的速度，m/s；

　　　$\mu$——流体的黏度，Pa·s；

　　　$P$——孔隙压力，Pa；

　　　$R$——圆管半径，m。

在孔隙、喉道的内表面，泊肃叶流动会产生与圆管轴线平行的剪应力 $\sigma_{rx}$：

$$\sigma_{rx} = \mu(\partial u/\partial r) = (\partial P/\partial x)(R/2) \qquad (2-2)$$

根据渗流力的定义，沿着 $x$ 方向流动的流体施加给单元体的拖曳力作用可通过对整个圆管内表面剪应力 $\sigma_{rx}$ 积分得到：

$$F_{\text{渗流力}-x} = \iint \sigma_{rx} R \mathrm{d}\theta \mathrm{d}x = \pi R^2 \Delta P \qquad (2-3)$$

式中　$\Delta P$——$x$ 方向上单元体的孔隙压力差，Pa。

以 $x$ 轴为投影轴，将流体在 $x$ 轴方向上施加的拖曳力作用代入单元体骨架力的平衡微分方程，令 $\sum F_x = 0$，分析单元体在渗流力作用下力的平衡状态。

$$\sum F_x = \left(\sigma'_x + \frac{\partial \sigma'_x}{\partial x}\mathrm{d}x\right)\mathrm{d}y\mathrm{d}z - \sigma'_x\mathrm{d}y\mathrm{d}z + \left(\tau'_{yx} + \frac{\partial \tau'_{yx}}{\partial y}\mathrm{d}y\right)\mathrm{d}z\mathrm{d}x - \tau'_{yx}\mathrm{d}z\mathrm{d}x +$$

$$\left(\tau'_{zx} + \frac{\partial \tau'_{zx}}{\partial z}\mathrm{d}z\right)\mathrm{d}x\mathrm{d}y - \tau'_{zx}\mathrm{d}x\mathrm{d}y + \Delta P f \pi R^2 = 0 \qquad (2-4)$$

式中　$\sigma = [\sigma'_x\ \sigma'_y\ \sigma'_z\ \tau'_{yz}\ \tau'_{zx}\ \tau'_{xy}]^{\mathrm{T}}$——单元体的有效应力分量，Pa。

式（2-4）两边同时除以 $\mathrm{d}x\mathrm{d}y\mathrm{d}z$，令 $\mathrm{d}x$ 趋于 0，根据偏导数的定义可得到：

$$\frac{\partial \sigma'_x}{\partial x} + \frac{\partial \tau'_{yx}}{\partial y} + \frac{\partial \tau'_{zx}}{\partial z} - \alpha \frac{\partial P}{\partial x} = 0 \qquad (2-5)$$

式中　$\alpha = \pi R^2/(\mathrm{d}y\mathrm{d}z)$——系数，无量纲；

　　　$\mathrm{d}y\mathrm{d}z$——单元体单个面的面积，m$^2$；

　　　$\pi R^2$——圆管横截面的面积，m$^2$。

则单元体表面实体部分面积为 $\mathrm{d}y\mathrm{d}z - \pi R^2$。

同理，如果流体在 $y$ 方向和 $z$ 方向上也存在渗流，则以 $y$ 轴和 $z$ 轴为投影轴，令 $\sum F_y = 0$，$\sum F_z = 0$ 得到：

$$\begin{cases} \dfrac{\partial \sigma'_y}{\partial y} + \dfrac{\partial \tau'_{zy}}{\partial z} + \dfrac{\partial \tau'_{xy}}{\partial x} - \alpha \dfrac{\partial P}{\partial y} = 0 \\[3mm] \dfrac{\partial \sigma'_z}{\partial z} + \dfrac{\partial \tau'_{xz}}{\partial x} + \dfrac{\partial \tau'_{yz}}{\partial y} - \alpha \dfrac{\partial P}{\partial z} = 0 \end{cases} \qquad (2-6)$$

式(2-5)和式(2-6)就是立方体岩心在渗流力作用下的三维有效应力平衡微分方程。从上述分析可以看出，微观上，渗流力就是渗透水流对岩石骨架施加的拖曳力作用，该力以体积力($-\alpha\partial P/\partial x$，$-\alpha\partial P/\partial y$，$-\alpha\partial P/\partial z$)的方式作用于岩石骨架上，其形式和第1章土力学定义的广义渗流力计算公式[式(1-4)]相对应。从式(2-5)和式(2-6)可以看出，渗流力作用于岩石骨架上，将直接改变岩石骨架单元体的有效应力平衡状态，其作用方向与流体的渗流方向一致。

为了分析$\alpha$代表的物理含义，建立如图2-3所示的流体与固体相互作用时接触区域的微观视图。$A_{f-s}$表示流体与固体接触部分的投影面积，$A_{eff}$表示岩石颗粒之间有效固结部分的投影面积。岩石颗粒间的有效固结部分可以传递岩石表面所受的外部载荷和流体的法向水压力；而对于流体与固体的接触部分，流动的流体将施加给岩石颗粒表面拖曳力也就是渗流力。此前，Nermoen等定义毕奥特有效应力系数为流体与固体接触部分的投影面积$A_{f-s}$与总投影面积$A_{tot}$的比值，即$A_{f-s}/A_{tot}$，其中$A_{tot} = A_{f-s} + A_{eff}$。对比图2-3(a)和图2-3(b)可以看出，圆管的横截面积相当于流体与固体接触部分的投影面积，而单元体表面实体部分的面积相当于岩石颗粒之间有效固结部分的投影面积，因此式(2-5)中的$\alpha$实际代表的就是毕奥特有效应力系数，该系数控制渗流力对岩石骨架变形的影响程度，$\alpha$越大，渗流力的作用越强，渗流力对岩石骨架有效应力的影响程度越高。

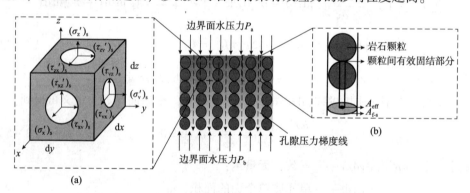

图2-3 流体与固体相互作用时接触区域的微观视图

## 2.1.2 流体单独作用时应力边界条件分析

为了求解岩石单元体骨架的有效应力，还需要分析岩石的应力边界条件。经典弹性力学理论中边界处的面力分量同样应满足力的平衡微分方程，以$x$轴为投影轴，分析一点处的应力状态，使得边界处的面力分量满足$\sum F_x = 0$得到：

$$\sigma_x' l + \tau_{yx}' m + \tau_{zx}' n = \bar{f}_x + \alpha Pl \tag{2-7}$$

式中 $\bar{f}_x$——$x$轴方向边界上的面力分量，Pa。

设边界外法线为 $N$，$l = \cos(N, x)$，$m = \cos(N, y)$，$n = \cos(N, z)$ 为方向余弦，$A$ 为边界处单元体单个面的表面积。

式(2-7)两边同时除以 $A$ 得到应力边界条件：

$$\sigma'_x l + \tau'_{yx} m + \tau'_{zx} n = \bar{f}_x + \alpha P l \qquad (2-8)$$

同理在边界处，令 $\sum F_y = 0$，$\sum F_z = 0$ 得到：

$$\begin{cases} \sigma'_y m + \tau'_{zy} n + \tau'_{xy} l = \bar{f}_y + \alpha P m \\ \sigma'_z n + \tau'_{xz} l + \tau'_{yz} m = \bar{f}_z + \alpha P n \end{cases} \qquad (2-9)$$

如图(2-3)所示，当没有外部载荷，仅考虑流体单独作用于岩石时，各个边界的面力分量 $\bar{f}_x$、$\bar{f}_y$、$\bar{f}_z$ 实际上就是边界处水压力 $P$ 在各个轴上的分量，则式(2-8)和式(2-9)可转换为：

$$\begin{cases} \sigma'_x l + \tau'_{xy} m + \tau'_{xz} n = \alpha P l + P_x \\ \sigma'_y m + \tau'_{yz} n + \tau'_{xy} l = \alpha P m + P_y \\ \sigma'_z n + \tau'_{xz} l + \tau'_{yz} m = \alpha P n + P_z \end{cases} \qquad (2-10)$$

式(2-8)和式(2-9)即在外部载荷作用下的应力边界条件，而式(2-10)为当外部载荷仅为水压力时的应力边界条件。

当没有外部载荷而仅有流体作用于岩石时，岩石骨架受力由以下两部分组成：

(1)流体与固体接触部分，流动的流体对颗粒表面施加的拖曳力即渗流力，作用，该力以体积力（$-\alpha\partial P/\partial x$，$-\alpha\partial P/\partial y$，$-\alpha\partial P/\partial z$）的形式作用于岩石单元体上。

(2)流体作用于岩石表面的面力以法向水压力的形式（$\alpha P l + P_x$，$\alpha P m + P_y$，$\alpha P n + P_z$）作用于岩石颗粒间的有效固结部分。流体施加给岩石单元体的面力和体积力将共同决定流体单独作用于岩石所形成的有效应力场。式(2-5)、式(2-6)和式(2-10)即本书所建立的流体单独作用于岩石时的渗流力理论力学模型。

毕奥特有效应力系数 $\alpha$ 可代表孔隙压力抵消围压产生体积应变的效率，综合上述分析可以看出，该系数控制着流体施加给单元体的体积力和面力，由于渗流进入储层岩石孔隙的流体引起的孔隙体积增量大于整个岩石体积的增量，所以通常满足 $\phi \leq \alpha \leq 1$，其中 $\phi$ 代表岩石的孔隙度。当 $\alpha$ 取极限值 1 时，式(2-10)中的面力项会消失，流体仅施加体积力于岩石单元体，其形式同第1章中基于饱和土体太沙基一维固结理论建立的渗流力计算式(1-2)一致；当 $\alpha$ 取 $\phi$ 时，式(2-5)

和式(2-6)中渗流力的形式将和第 1 章中校正的渗流力计算公式[式(1-3)]一致;在一些工程中,为了计算方便,$\alpha$ 往往取极值 0,此时孔隙流体压力对单元体的形变没有影响,岩石可视为是完全不可渗透的,此时式(2-5)和式(2-6)中的体积力项消失,流体作用于岩石单元体仅存在面力项。

如果压裂液难以通过渗流进入岩石孔隙,则流体主要以水压力即面力项的形式作用于井壁或裂缝表面。在这种情况下,可以忽略渗流效应,根据面力作用计算流体作用在岩石上形成的有效应力场,然后通过岩石断裂力学准则判断水力裂缝的起裂和扩展。但如果压裂液容易渗流进入岩石孔隙,则流体沿渗流方向会对岩石单元体施加渗流力的作用。因此,需要结合体积力项和面力项共同计算流体作用于岩石形成的有效应力场,进而判断裂缝的起裂和扩展。

## 2.2 圆筒周围渗流力作用形成的应力场

### 2.2.1 圆筒周围流体作用机理分析

在石油工程领域,裸眼井井筒和射孔通道都可视为外边界无限大的圆筒。裸眼井与射孔井水力裂缝起裂与地层破裂压力的预测、井筒稳定性的判识、工作液安全窗口的设计等都要基于对圆筒周围储层岩石应力场的分析来进行。基于此,建立了二维平面圆筒物理模型,并利用 2.1 节建立的渗流力理论力学模型,分析流体渗流进入储层岩石孔隙时渗流力作用在圆筒周围形成的有效应力场解析解。

如图 2-4(a)所示的二维平面圆筒物理模型,其 $a$ 为内半径,$c$ 为外半径,$r$ 为距离井轴的距离,$\theta$ 为角度,$P_w$ 为圆筒内边界水压力,$P_o$ 为外边界初始孔隙压力。假设岩石各向均质同性,流体在内外边界的压差作用下沿着径向方向进行稳态达西渗流,通过建立极坐标系分析圆筒周围岩石在流体作用下形成的有效径向应力 $\sigma'_r$ 和有效周向应力 $\sigma'_\theta$。(注意,此处设压应力为正值,拉应力为负值。)

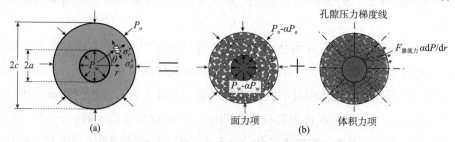

图 2-4 流体作用下圆筒周围储层岩石受力示意图

首先根据2.1节建立的渗流力理论力学模型分析流体稳态渗流时，圆筒周围储层岩石满足的应力平衡方程和应力边界条件，将式(2-5)、式(2-6)和式(2-10)在极坐标系下转换可得到：

$$\begin{cases} \dfrac{\partial \sigma'_r}{\partial r} + \dfrac{1}{r} \dfrac{\partial \tau'_{r\theta}}{\partial \theta} + \dfrac{\sigma'_r - \sigma'_\theta}{r} + \alpha \dfrac{\partial P}{\partial r} = 0 \\ \dfrac{1}{r} \dfrac{\partial \sigma'_\theta}{\partial \theta} + \dfrac{\partial \tau'_{r\theta}}{\partial r} + \dfrac{2\tau'_{r\theta}}{r} = 0 \end{cases} \quad (\text{平衡微分方程}) \quad (2-11)$$

$$\begin{cases} \sigma'_r = P_w - \alpha P_w \quad r = a \\ \sigma'_r = P_o - \alpha P_o \quad r = c \end{cases} \quad (\text{应力边界条件}) \quad (2-12)$$

式(2-11)和式(2-12)即流体单独作用于圆筒周围储层岩石时满足的应力平衡微分方程和应力边界条件，从式(2-11)和式(2-12)可以看出，流体作用于圆筒周围储层岩石形成的有效应力可视为体积力项和面力项所形成的有效应力场的叠加[图2-4(b)]，具体包括以下两个方面：

(1)流体施加给圆筒内外边界的面力，即径向水压力 $P_w - \alpha P_w$ 和 $P_o - \alpha P_o$。

(2)渗流进入储层的流体施加给岩石骨架的径向体积力，即渗流力，为 $\alpha dP/dr$。

基于经典弹性力学拉梅公式，可以直接得到式(2-12)圆筒内外边界面力项所形成的有效周向应力 $\sigma'_{\theta 1}$：

$$\begin{cases} \sigma'_{\theta 1} = \dfrac{a^2 c^2 (P_2 - P_1)}{c^2 - a^2} \dfrac{1}{r^2} - \dfrac{a^2 P_1 - c^2 P_2}{c^2 - a^2} \\ \sigma'_{r 1} = -\dfrac{a^2 c^2 (P_2 - P_1)}{c^2 - a^2} \dfrac{1}{r^2} - \dfrac{a^2 P_1 - c^2 P_2}{c^2 - a^2} \end{cases} \quad (2-13)$$

式中 $P_1 = P_w - \alpha P_w$；$P_2 = P_o - \alpha P_o$。

由于流体沿着径向渗流，渗流力 $\alpha \partial P/\partial r$ 的分布是轴对称的，所以有效应力分布必然是轴对称的，因此应力分量 $\sigma'_r$ 和 $\sigma'_\theta$ 及应变 $\varepsilon_r$ 和 $\varepsilon_\theta$ 都只是 $r$ 的函数且剪应力 $\tau'_{r\theta}$ 为0，所以在求解渗流力单独作用形成的有效应力场时，式(2-11)可被化简为：

$$\dfrac{d\sigma'_r}{dr} + \dfrac{\sigma'_r - \sigma'_\theta}{r} + \alpha \dfrac{dP}{dr} = 0 \quad (2-14)$$

为了求解渗流力作用形成的有效应力场，还需要分析圆筒周围稳态渗流时的孔隙压力分布，假设流体不可压缩，储层渗透率恒定，则在准静态条件下，圆筒周围的孔隙压力满足拉普拉斯方程：

$$\dfrac{\partial^2 P}{\partial r^2} + \dfrac{1}{r} \dfrac{\partial P}{\partial r} = 0 \quad (2-15)$$

假设内边界水压力为 $P_w$，外边界水压力为 $P_o$，通过对式（2-15）积分可求得圆筒周围稳态渗流条件下的孔隙压力分布：

$$P(r) = P_w - (P_w - P_o) \frac{\ln r - \ln a}{\ln c - \ln a} \tag{2-16}$$

在单独求解圆筒周围渗流力作用形成的有效应力场时，其应力场边界条件为：

$$\begin{cases} \sigma_r' = 0 & r = a \\ \sigma_r' = 0 & r = c \end{cases} \tag{2-17}$$

式（2-14）、式（2-16）和式（2-17）即求解圆筒周围渗流力单独作用形成的有效应力场解析解所需的基础力学方程。

## 2.2.2  圆筒周围渗流力形成的应力场解析解推导

在上、下围岩的限制下，圆筒周围应力场通常按照平面应变条件进行求解，本节同样选择平面应变条件来求解圆筒周围渗流力作用形成的应力场，具体的推导过程如下：

首先对于平面应变条件，极坐标系下弹性力学物理方程满足：

$$\begin{cases} \sigma_r' = \dfrac{E}{(1+\nu)(1-2\nu)} \left[ (1-\nu)\varepsilon_r + \nu\varepsilon_\theta \right] \\[2mm] \sigma_\theta' = \dfrac{E}{(1+\nu)(1-2\nu)} \left[ \nu\varepsilon_r + (1-\nu)\varepsilon_\theta \right] \\[2mm] \sigma_z' = \nu(\sigma_r + \sigma_\theta) \end{cases} \tag{2-18}$$

式中　$E$——杨氏模量，Pa；

　　　$\nu$——泊松比。

将弹性力学几何方程 $\varepsilon_r = \mathrm{d}u/\mathrm{d}r$；$\varepsilon_\theta = u/r$ 代入式（2-18）得到：

$$\begin{cases} \sigma_r' = \dfrac{E}{(1+\nu)(1-2\nu)} \left[ (1-\nu)\dfrac{\mathrm{d}u}{\mathrm{d}r} + \nu\dfrac{u}{r} \right] \\[2mm] \sigma_\theta' = \dfrac{E}{(1+\nu)(1-2\nu)} \left[ \nu\dfrac{\mathrm{d}u}{\mathrm{d}r} + (1-\nu)\dfrac{u}{r} \right] \end{cases} \tag{2-19}$$

对孔隙分布方程（2-16）求偏导，得到渗流力项为：

$$\alpha \frac{\mathrm{d}P}{\mathrm{d}r} = \frac{\alpha(P_o - P_w)}{\ln c - \ln a} \frac{1}{r} \tag{2-20}$$

将式（2-19）式和式（2-20）共同代入渗流力作用下的平衡微分方程（2-14）得到：

$$\begin{cases} r\dfrac{\mathrm{d}^2 u}{\mathrm{d}r^2} + \dfrac{\mathrm{d}u}{\mathrm{d}r} - \dfrac{u}{r} = \dfrac{\nu}{\lambda(1-\nu)} \dfrac{\alpha(P_w - P_o)}{\ln c - \ln a} \\[2mm] \lambda = \dfrac{E\nu}{(1+\nu)(1-2\nu)} \end{cases} \tag{2-21}$$

进一步得到:

$$\frac{\mathrm{d}\left(\frac{1}{r}\frac{\mathrm{d}ru}{\mathrm{d}r}\right)}{\mathrm{d}r}=\frac{\nu}{\lambda(1-\nu)}\frac{\alpha(P_w-P_o)}{\ln c-\ln a}\frac{1}{r} \tag{2-22}$$

对式(2-22)进行积分变换得到位移方程:

$$u=\frac{\nu}{\lambda(1-\nu)}\frac{\alpha(P_w-P_o)}{\ln c-\ln a}\left(\frac{r\ln r}{2}-\frac{r}{4}\right)+\frac{Ar}{2}+\frac{B}{r} \tag{2-23}$$

将位移方程(2-23)代入几何方程 $\varepsilon_r=\mathrm{d}u/\mathrm{d}r$，$\varepsilon_\theta=u/r$ 中，再将 $\varepsilon_r$ 与 $\varepsilon_\theta$ 代入平面应变条件下的物理方程(2-18)中，即可得到径向应力与周向应力:

$$\begin{cases}\sigma_r'=\frac{\alpha(P_w-P_o)}{\ln c-\ln a}\left(\frac{\ln r}{2}\frac{1}{1-\nu}+\frac{1}{4}\frac{1-2\nu}{1-\nu}\right)+\left(\frac{A}{2}-\frac{B}{r^2}+\frac{2B\nu}{r^2}\right)\frac{\lambda}{\nu}\\\sigma_\theta'=\frac{\alpha(P_w-P_o)}{\ln c-\ln a}\left(\frac{\ln r}{2}\frac{1}{1-\nu}+\frac{1}{4}\frac{2\nu-1}{1-\nu}\right)+\left(\frac{A}{2}+\frac{B}{r^2}-\frac{2B\nu}{r^2}\right)\frac{\lambda}{\nu}\end{cases} \tag{2-24}$$

式(2-24)中的 $A$ 和 $B$ 为待定系数，将渗流力单独作用下圆筒周围的应力边界条件式(2-17)代入式(2-24)可联立求解得到:

$$\begin{cases}A=\frac{\alpha(P_w-P_o)\nu}{(\ln c-\ln a)\lambda}\left[\frac{\ln a}{\nu-1}+\frac{1-2\nu}{2(\nu-1)}\right]+\frac{\alpha(P_o-P_w)}{\nu-1}\frac{c^2}{c^2-a^2}\frac{\nu}{\lambda}\\B=\frac{\alpha(P_w-P_o)}{2(1-\nu)}\frac{c^2a^2}{(c^2-a^2)(2\nu-1)}\frac{\nu}{\lambda}\end{cases} \tag{2-25}$$

将系数 $A$ 和 $B$ 代入式(2-24)最终得到圆筒周围渗流力单独作用形成的有效应力场分布:

$$\begin{cases}\sigma_{r2}'=\frac{\alpha(P_w-P_o)}{2(1-\nu)}\left[\frac{\ln r-\ln a}{\ln c-\ln a}-\frac{c^2r^2-a^2c^2}{(c^2-a^2)r^2}\right]\\\sigma_{\theta2}'=\frac{\alpha(P_w-P_o)}{2(1-\nu)}\left[\frac{\ln r-\ln a+2\nu-1}{\ln c-\ln a}-\frac{c^2(r^2+a^2)}{(c^2-a^2)r^2}\right]\\\sigma_{z2}'=\frac{\alpha\nu(P_w-P_o)}{2(1-\nu)}\left[\frac{2(\ln r-\ln a)+2\nu-1}{\ln c-\ln a}-\frac{2c^2}{(c^2-a^2)}\right]\end{cases} \tag{2-26}$$

同时代入位移方程(2-23)可以得到圆筒周围渗流力作用形成的周向位移为:

$$u=\frac{\alpha(P_w-P_o)}{(1-\nu)(\ln c-\ln a)}\left[\frac{\nu(2r\ln r-2r-2r\ln a+2r\nu)}{4\lambda}\right]-$$

$$\frac{\nu\alpha(P_w-P_o)}{2\lambda(1-\nu)(c^2-a^2)}\left[rc^2-\frac{a^2c^2}{r(2\nu-1)}\right] \tag{2-27}$$

圆筒周围有效周向应力分布对于水力裂缝的起裂和地层破裂压力预测至关重要，2.2.1节和2.2.2节的分析已经推导得到了井筒周围无外部载荷流体单独作用时，渗流力项和面力项所形成的有效周向应力场解析解，通过弹性力学应力场叠加原理即可得到圆筒周围流体单独作用形成的有效周向总应力为：

$$\sigma'_{\theta-tot} = \sigma'_{\theta1} + \sigma'_{\theta2} \qquad (2-28)$$

接下来讨论两种极限情况：

(1)当储层完全不可渗透时，毕奥特有效应力系数 $\alpha$ 等于 0，此时渗流力项 $\alpha dP/dr$ 消失，仅剩下圆筒内外边界的面力项，则式(2-13)就转化为岩石不可渗透条件下圆筒周围水压力作用于圆筒内外边界形成的周向应力公式：

$$\sigma_{\theta1} = \frac{a^2 c^2 (P_o - P_w)}{c^2 - a^2} \frac{1}{r^2} - \frac{a^2 P_w - c^2 P_o}{c^2 - a^2} \qquad (2-29)$$

根据太沙基有效应力定律进一步可得，不考虑流体渗流时，流体作用于圆筒周围形成的有效周向应力等于：

$$\sigma'_{\theta-tot} = \sigma_{\theta1} - P_o \qquad (2-30)$$

当 $c \gg a$ 时，式(2-30)即可简化成石油工程领域常用的一般式：$\sigma'_{\theta-tot} = \frac{a^2}{r^2}(P_o - P_w)$。

(2)当毕奥特有效应力系数 $\alpha$ 等于 1 时，流体作用于圆筒内外边界的面力项消失，流体仅以渗流力的形式作用于圆筒周围的储层岩石，此时圆筒周围流体单独作用形成的有效周向总应力即为渗流力作用形成的有效周向应力：

$$\sigma'_{\theta-tot} = \frac{P_o - P_w}{2(1-\nu)} \left[ \frac{\ln r - \ln a + 2\nu - 1}{\ln c - \ln a} - \frac{c^2 (r^2 + a^2)}{(c^2 - a^2) r^2} \right] \qquad (2-31)$$

# 第3章　渗流力对地层破裂压力影响机理

第2章已经建立了渗流力理论力学模型，推导了圆筒周围渗流力单独作用形成的有效应力场解析解。在第2章研究基础上，本章将分析裸眼井与射孔孔眼周围的有效周向总应力场，推导渗流力作用下裸眼井和射孔井地层破裂压力的解析解，分析渗流力作用对裸眼井和射孔井地层破裂压力的影响。

## 3.1　渗流力作用下裸眼井地层破裂压力

### 3.1.1　裸眼井周围有效应力场分析

本书建立了如图3－1(a)所示的裸眼井井筒横截面物理模型，以垂直裸眼井为例分析渗流力作用对裸眼井地层破裂压力的影响。假设岩石均质各向同性，压裂液施加的井筒内压为 $P_w$，外边界储层初始孔隙压力为 $P_o$，井筒内半径为 $a$，外半径为 $c$，$r$ 为距离井轴的距离，$\theta$ 为角度。

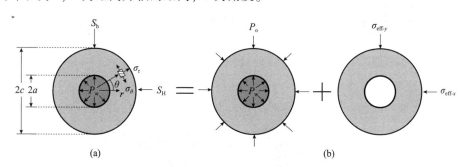

图3－1　储层不可渗透时垂直裸眼井筒周围受力示意图

假设岩石完全不可渗透，作用于井筒周围的力包括地层总应力(最大水平主应力 $S_H$ 和最小水平主应力 $S_h$)以及压裂液作用于井筒的面力 $P_w$，由第2章2.2节圆筒周围流体作用的分析内容可知，如图3－1(b)所示这两个力可等效为井筒内外边界受水压力也就是面力 $P_w$ 和 $P_o$ 的作用再叠加以井筒周围水平有效构造地应力（$\sigma_{eff-x} = S_H - P_o$，$\sigma_{eff-y} = S_h - P_o$）的作用（注意设压应力为正、拉应力为负）。

其中井筒周围水平有效构造地应力 $\sigma_{eff-x}$ 和 $\sigma_{eff-y}$ 作用形成的有效周向压应力为 $\sigma'_{\theta 1}$；

$$\sigma'_{\theta 1} = \frac{\sigma_{eff-x} + \sigma_{eff-y}}{2}\left(1 + \frac{a^2}{r^2}\right) - \frac{\sigma_{eff-x} - \sigma_{eff-y}}{2}\left(1 + \frac{3a^4}{r^4}\right)\cos 2\theta \qquad (3-1)$$

一般取 $r \geqslant 5a$ 时，式（3-1）中地应力形成的周向应力就会衰减为原地应力状态，此时 $r$ 就可视为是地应力施加的边界，即图3-1中的外边界 $c$。

由第2章2.2.2节分析可知，当不考虑流体渗流进入储层时，毕奥特有效应力系数 $\alpha$ 等于0，即无渗流力的作用，仅剩下井筒内外边界水压力即面力作用形成的周向应力：

$$\sigma_{\theta 2} = \frac{a^2 c^2 (P_o - P_w)}{c^2 - a^2}\frac{1}{r^2} - \frac{a^2 P_w - c^2 P_o}{c^2 - a^2} \qquad (3-2)$$

根据太沙基有效应力定律和弹性力学叠加理论，即可得到储层不可渗透，无渗流力作用条件下，裸眼井筒周围的有效周向总应力：

$$\sigma'_{\theta-tot不可渗透} = \sigma'_{\theta 1} + \sigma_{\theta 2} - P_o \qquad (3-3)$$

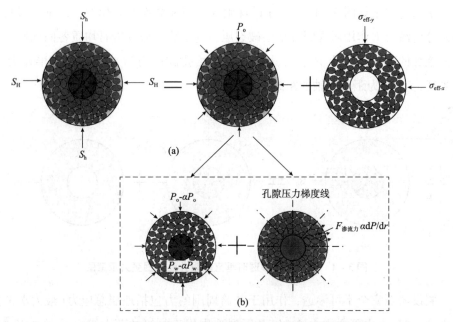

图3-2　考虑压裂液渗流时垂直裸眼井筒周围受力示意图

在压裂过程中，井筒压力会达到几十兆帕，低黏度压裂液会在高压作用下渗流进入井筒周围的储层岩石。如图 3 - 2(a) 所示，当压裂液渗流进入储层时，井筒周围有效周向总应力可等效为流体作用于井筒周围岩石形成的有效周向应力场叠加以水平有效构造地应力 $\sigma_{eff-x}$ 和 $\sigma_{eff-y}$ 形成的有效周向应力场。由第 2 章 2.2.1 节分析内容可知，流体作用于井筒周围储层岩石形成的有效应力分可为两项 [图 3 - 2(b)]：

(1) 流体施加给井筒内外边界面力项，即岩石表面的径向压应力 $P_w - \alpha P_w$ 和 $P_o - \alpha P_o$；

(2) 渗流进入储层的流体施加给岩石骨架的径向体积力即渗流力项 $\alpha dP/dr$。第 2 章 2.2 节已经分析并推导了面力项和渗流力项形成的有效周向应力解析解，其中面力项 $P_1 = P_w - \alpha P_w$ 和 $P_2 = P_o - \alpha P_o$ 形成的有效周向应力为：

$$\sigma_{\theta 2}' = \frac{a^2 c^2 (P_2 - P_1)}{c^2 - a^2} \frac{1}{r^2} - \frac{a^2 P_1 - c^2 P_2}{c^2 - a^2} \qquad (3-4)$$

体积力即渗流力项形成的有效周向应力：

$$\sigma_{\theta 3}' = \frac{\alpha (P_w - P_o)}{2(1-\nu)} \left[ \frac{\ln r - \ln a + 2\nu - 1}{\ln c - \ln a} - \frac{c^2 (r^2 + a^2)}{(c^2 - a^2) r^2} \right] \qquad (3-5)$$

根据弹性力学叠加原理即可得到储层渗透，在考虑渗流力条件下，裸眼井筒周围的有效周向总应力为：

$$\sigma_{\theta-tot储层渗透}' = \sigma_{\theta 1}' + \sigma_{\theta 2}' + \sigma_{\theta 3}' \qquad (3-6)$$

利用式 (3-1)、式 (3-3) 和式 (3-6)，对未注入流体时原地应力状态、注入流体施加井筒内压但储层不可渗透无渗流力的作用，以及储层可渗透考虑渗流力三种条件下井筒周围的有效周向总应力进行了模拟分析，其井筒周围有效周向总应力分布云图如图 3 - 3 所示，对应的最大水平主应力方向上的有效周向总应力随半径变化图如图 3 - 4 所示（假设 $\sigma_{eff-x} = 17.5 \text{MPa}$，$\sigma_{eff-y} = 12.5 \text{MPa}$，$P_o = 2.5 \text{MPa}$，$P_w = 15 \text{MPa}$，$v = 0.25$，$a = 1 \text{dm}$，$c = 10 \text{dm}$，$\sigma_t = 0 \text{MPa}$）。

从图 3 - 3 可以看出，井筒未注入压裂液时，地应力形成的有效周向总应力为压应力，井壁周围出现明显的周向压应力远大于外边界的应力集中现象。当井筒注入流体施加井筒内压后，井壁周围的应力集中由于流体作用于井筒形成的拉应力作用而被明显减弱。相比不可渗透储层，当流体渗流进入储层考虑渗流力作用时，井筒周围的有效周向压应力更小。毕奥特有效应力系数越大，渗流力作用越强时井筒周围应力场被渗流力作用影响的范围越大，有效周向压应力也越小。

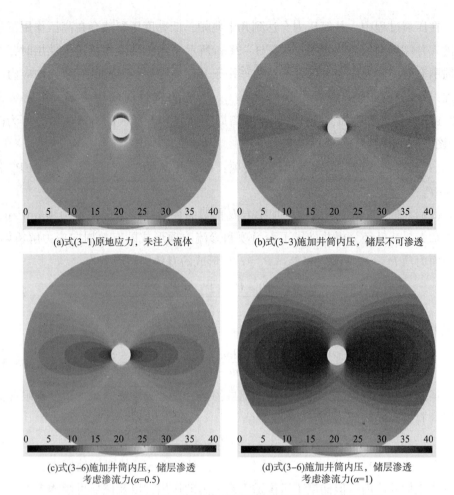

(a)式(3-1)原地应力，未注入流体

(b)式(3-3)施加井筒内压，储层不可渗透

(c)式(3-6)施加井筒内压，储层渗透
考虑渗流力(α=0.5)

(d)式(3-6)施加井筒内压，储层渗透
考虑渗流力(α=1)

**图3-3 不同条件下裸眼井筒周围有效周向总应力分布云图**

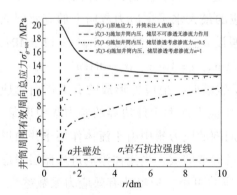

**图3-4 不同条件下最大水平主应力方向**
**(θ=0°)井筒周围有效周向总应力随半径变化**

结合图3-4进一步可以看出，施加井筒内压后，井壁处有效周向应力值最小，随着远离井壁周向应力迅速恢复逼近原地应力状态。流体渗流进入储层，渗流力的作用显著减小了井壁处的有效周向压应力，使得井壁处有效周向应力值更加逼近岩石的抗拉强度线。毕奥特有效应力系数等于0.5时，相比不可渗透储层无渗流力作用的曲线，渗流力作用使得井壁处的有

效周向压应力值降低了23%。由于水力裂缝通常沿着平行于最大水平主应力的方向起裂，因此结合图3-4可以看出，流体渗流进入储层，渗流力作用显著增大了水力裂缝起裂的可能性，使得井筒壁面更容易发生拉伸破坏。

## 3.1.2 裸眼井地层破裂压力计算与影响因素分析

预测地层破裂压力对于油田现场水力压裂工程设计至关重要，此前国内外已有许多学者利用最大周向拉应力准则分析预测裸眼井的地层破裂压力。目前常用的裸眼井地层破裂压力预测公式包括 Hubbert 和 Willis 推导的经典的 H-W 公式以及 Haimson 和 Fairhurst 提出的 H-F 公式：

$$\text{H-W}: \quad P_{\text{f}} = 3\sigma_{\text{eff}-y} - \sigma_{\text{eff}-x} + P_{\text{o}} + \sigma_{\text{t}}$$

$$\text{H-F}: \quad P_{\text{f}} = P_{\text{o}} + \frac{3\sigma_{\text{eff}-y} - \sigma_{\text{eff}-x} + \sigma_{\text{t}}}{2 - \alpha\dfrac{1-2\nu}{1-\nu}} \tag{3-7}$$

其中，H-W 公式假设储层不可渗透、不考虑压裂液滤失作用，而 H-F 公式基于毕奥特固结理论考虑了压裂液滤失进入储层造成孔隙压力变化引起的多孔介质变形对地层破裂压力的影响。虽然 H-F 公式考虑了孔隙压力变化对多孔介质变形的影响即含有渗流力的作用，但该公式在分析孔隙压力梯度作用时对固结理论方程进行了简化处理并忽略了边界效应，所以计算结果可能出现较大的误差。因此在上一节分析得到的井筒周围有效周向应力场的基础上，本节基于最大周向拉应力准则推导了更加完备的渗流力作用下裸眼井地层破裂压力的解析解。

由最大周向拉应力准则可知，当井壁处最大水平主应力方向的有效周向总应力达到岩石的抗拉强度时，地层发生破裂，水力裂缝开始萌生：

$$\sigma'_{\theta-\text{tot}} \leqslant -\sigma_{\text{t}} \tag{3-8}$$

以垂直裸眼井形成垂直裂缝为例，当储层不可渗透时，令 $c \gg a$，$r = a$，$\theta = 0°$ 代入式(3-3)得到最大水平主应力方向井壁处的有效周向总应力：

$$\sigma'_{\theta-\text{tot}不可渗透} = 3\sigma_{\text{eff}-y} - \sigma_{\text{eff}-x} + P_{\text{o}} - P_{\text{w}} \tag{3-9}$$

令 $\sigma'_{\theta-\text{tot}不可渗透} = -\sigma_{\text{t}}$，即可推导得到储层不可渗透，井壁发生拉伸破坏时的井筒压力，即不可渗透储层的地层破裂压力预测公式(H-W 公式)：

$$P_{\text{wf}-储层不可渗透} = 3\sigma_{\text{eff}-y} - \sigma_{\text{eff}-x} + P_{\text{o}} + \sigma_{\text{t}} \tag{3-10}$$

按照上述步骤，同样令式(3-6)中 $\sigma'_{\theta-\text{tot}可渗透} = -\sigma_{\text{t}}$，可推导得到储层可渗透考虑渗流力作用时的地层破裂压力为：

$$P_{\text{wf-储层可渗透}} = \frac{(3\sigma_{\text{eff}-y} - \sigma_{\text{eff}-x})(1-\nu) + P_{\text{o}}(2-2\nu-\alpha+2\alpha\nu) + \sigma_{\text{t}}(1-\nu)}{1-\nu+\alpha\nu}$$

$$(3-11)$$

此前，Muqtadir 等利用室内实验对致密砂岩岩心在不同压裂液黏度下裸眼井筒的地层破裂压力情况进行了研究，利用该项研究的实验结果，本书对经典的 H－W 公式、H－F 公式[式(3－7)]以及本书推导的渗流力作用下裸眼井筒地层破裂压力解析解式(3－11)的预测结果进行了检验，对比结果如图3－5 所示。不考虑压裂液渗流作用的 H－W 公式其预测结果明显高估了裸眼井的地层破裂压力，只有当压裂液黏度达到超高条件下(1451mPa·s)，H－W 公式才和实验结果较为接近。对于100mPa·s 以下的较低黏度压裂液(Linear Gel)，压裂液渗流进入储层岩石孔隙考虑渗流力作用时，本书推导的式(3－11)，其预测结果和实验结果更为接近，相对误差≤5%；而 H－F 公式的预测结果明显低估了裸眼井的地层破裂压力，相对误差超过10%。因此综合上述分析可以看出，当压裂液黏度很大，流体难以渗流进入岩石孔隙时，H－W 公式预测结果可能更为准确一些；而当压裂液黏度较小时，相比 H－F 公式，本书推导的考虑渗流力作用下的裸眼井地层破裂压式(3－11)更适合预测低黏度压裂液下的裸眼井地层破裂压力大小。

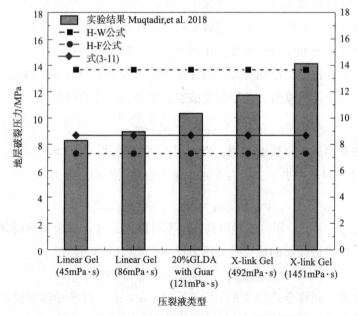

**图3－5　不同压裂液类型下裸眼井地层破裂压力公式计算结果与实验结果对比**

($S_{\text{h}} = 0.68$MPa，$S_{\text{H}} = 0.68$MPa，$P_{\text{o}} = 0.0$MPa，$\sigma_{\text{t}} = 12.3$MPa，$\alpha = 0.7$，$K = 1.3$mD)

利用 H – W 公式[式(3 – 1)]和式(3 – 11)，本书对影响裸眼井地层破裂压力的不同因素进行了分析，结果如图 3 – 6 ~ 图 3 – 9 所示。从图 3 – 6 可以看出，储层不可渗透条件下水力裂缝起裂所需的地层破裂压力最大。当流体渗流进入储层时，渗流力作用下裂缝起裂所需的破裂压力开始减小。毕奥特有效应力系数越大时，渗流力作用影响越占据主导因素，对应的地层破裂压力越小。随着最大水平主应力和最小水平主应力差值减小，不可渗透储层地层破裂压力和可渗透储层地层破裂压力差值越来越大，两向应力差更小的储层渗流力的作用对地层破裂压力的影响更明显。图 3 – 7 为不同地层深度条件下的地层破裂压力，假设两向应力每 100m 均匀增大 2.5MPa，储层初始孔隙压力按照盐水的静液柱压力换算每 100m 均匀增大 1.05MPa。可以从图 3 – 7 看出，随着地层深度增大，不同条件下的地层破裂压力也随着增大。地层深度越大，不可渗透储层地层破裂压力和可渗透储层地层破裂压力差值越大，深度更大的储层渗流力作用对地层破裂压力的影响更明显。

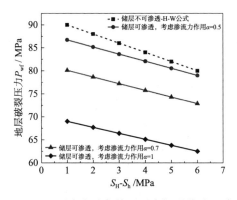

**图 3 – 6　不同两项应力差条件下垂直裸眼井地层破裂压力**

($\nu = 0.35$，$S_h = 60MPa$，$P_o = 30MPa$，$\sigma_t = 0MPa$)

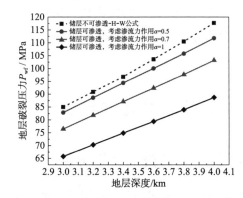

**图 3 – 7　不同地层深度条件下垂直裸眼井地层破裂压力**

($\nu = 0.35$，地层深度 3km 处 $S_h = 60MPa$，$S_H = 65MPa$，$P_o = 30MPa$，$\sigma_t = 0MPa$)

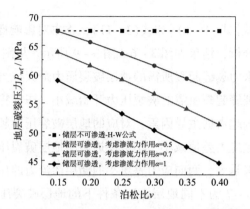

**图 3 - 8　不同泊松比条件下垂直裸眼井地层破裂压力**

($S_\mathrm{h} = 40\mathrm{MPa}$，$S_\mathrm{H} = 42.5\mathrm{MPa}$，$P_\mathrm{o} = 30\mathrm{MPa}$，$\sigma_\mathrm{t} = 0\mathrm{MPa}$)

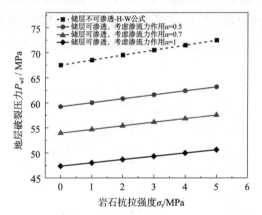

**图 3 - 9　不同抗拉强度条件下垂直裸眼井地层破裂压力**

($S_\mathrm{h} = 40\mathrm{MPa}$，$S_\mathrm{H} = 42.5\mathrm{MPa}$，$P_\mathrm{o} = 30\mathrm{MPa}$，$\nu = 0.35$)

　　从图 3 - 8 可以看出，储层岩石泊松比越小岩石越致密坚硬，地层破裂压力越大。泊松比更大，脆性更强的储层，渗流力作用对裸眼井地层破裂压力的影响更显著。图 3 - 9 表明随着岩石抗拉强度的增大，不同条件下地层破裂压力也随之增大。岩石抗拉强度更大的储层，流体渗流进入储层渗流力作用对地层破裂压力的影响更显著。

## 3.2　渗流力作用下射孔井地层破裂压力

### 3.2.1　射孔孔眼周围有效应力场分析

　　射孔完井方式是目前国内油田使用非常广泛的一种完井方式，其为油气资源勘探开发、提高油气井产能起到了关键作用。对于射孔井而言，预测评估不同射孔角度孔眼的地层破裂压力大小以及射孔孔眼裂缝萌生的方向对于水力压裂优化设计、防砂设计与生产优化等至关重要。

传统射孔井地层破裂压力的解析解模型只能用来预测沿着最大水平主应力方向射孔的定向射孔井地层破裂压力，而且由于孔眼周围通常会形成压实带，压实带内岩石渗透率低于围岩的，所以传统模型没有考虑射孔孔眼压裂液滤失对储层应力场的影响。然而随着螺旋式射孔方式以及滑溜水和超临界二氧化碳等低黏度压裂液的大量应用，压裂液渗流效应和射孔角度的影响已经不可忽略，传统模型已经不能适应目前更为复杂的井况。因此需要建立考虑流体渗流作用，适用范围更为广泛的射孔井地层破裂压力预测模型。

通过耦合流体渗流过程中渗流力的作用，本节建立了射孔直井与射孔水平井的地层破裂压力通解模型。首先对射孔井井筒周围的应力场进行分析。如图 3 – 10 所示，地应力系统可由三个相互正交的主应力表示：垂向主应力 $\sigma_v$，最大水平主应力 $\sigma_H$ 和最小水平主应力 $\sigma_h$。地层被钻开之后，井筒周围的应力状态会发生变化并产生应力集中现象，对于任意方位角和井斜角的斜井，原地应力在射孔井井筒坐标系下的应力分量为：

$$\begin{cases} \sigma_x = \sigma_H \cos^2\Psi\cos^2\Omega + \sigma_h\cos^2\Psi\sin^2\Omega + \sigma_v\sin^2\Psi \\ \sigma_y = \sigma_H\sin^2\Omega + \sigma_h\cos^2\Omega \\ \sigma_z = \sigma_H\sin^2\Psi\cos^2\Omega + \sigma_h\sin^2\Psi\sin^2\Omega + \sigma_v\cos^2\Psi \\ \tau_{xy} = -\sigma_H\cos\Psi\cos\Omega\sin\Omega + \sigma_h\cos\Psi\cos\Omega\sin\Omega \\ \tau_{yz} = -\sigma_H\sin\Psi\cos\Omega\sin\Omega + \sigma_h\sin\Psi\cos\Omega\sin\Omega \\ \tau_{xz} = \sigma_H\cos\Psi\sin\Psi\cos^2\Omega + \sigma_h\cos\Psi\sin\Psi\sin^2\Omega - \sigma_v\sin\Psi\cos\Psi \end{cases} \quad (3-12)$$

式中　　　　　　　　$\Psi$——井斜角，(°)；

　　　　　　　　　　$\Omega$——方位角，(°)；

$\sigma_x$、$\sigma_y$、$\sigma_{zz}$、$\tau_{yz}$、$\tau_{xz}$、$\tau_{xy}$——井筒周围远场地应力分量，MPa。

注意本节同样设压应力为正，拉应力为负。

对于射孔水平井和射孔直井，代入井斜角 $\Psi = 0°$ 和 $\Psi = 90°$ 可以分别得到这两种情况下井筒周围的地应力分量：

$$\begin{cases} \sigma_x = \sigma_H, \ \sigma_y = \sigma_h, \ \sigma_z = \sigma_v \\ \tau_{xy} = \tau_{yz} = \tau_{xz} = 0 \end{cases} (\text{射孔垂直井筒}) \quad (3-13)$$

$$\begin{cases} \sigma_x = \sigma_v, \ \sigma_y = \sigma_H\sin^2\Omega + \sigma_h\cos^2\Omega \\ \sigma_z = \sigma_H\cos^2\Omega + \sigma_h\sin^2\Omega \\ \tau_{xy} = 0, \ \tau_{xz} = 0, \ \tau_{yz} = (\sigma_h - \sigma_H)\sin\Omega\cos\Omega \end{cases} (\text{射孔水平井筒}) \quad (3-14)$$

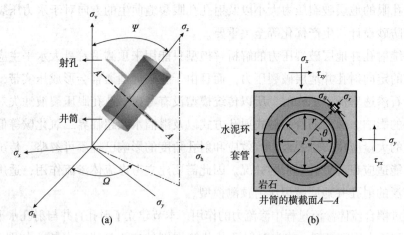

图 3 – 10　地应力系统下任意射孔井筒受力示意图

假设井筒周围的岩石是各向同性、均质的多孔弹性材料，当压裂液注入井筒时，远场地应力分量和井筒流体压力共同作用于井筒周围储层岩石，如图 3 – 10 井筒横截面 A—A 所示。考虑套管的影响，在圆柱坐标系$(r, \theta, z)$平面应变条件下地应力分量和井筒流体压力共同作用在射孔井筒周围形成的应力场为：

$$
\begin{cases}
\sigma_r = \dfrac{\sigma_x + \sigma_y}{2}\left(1 - \dfrac{r_a^2}{r^2}\right) + \dfrac{\sigma_x - \sigma_y}{2}\left(1 + 3\dfrac{r_a^4}{r^4} - 4\dfrac{r_a^2}{r^2}\right)\cos2\theta \\[2ex]
\qquad + \tau_{xy}\left(1 + 3\dfrac{r_a^4}{r^4} - 4\dfrac{r_a^2}{r^2}\right)\sin2\theta + P_w\dfrac{r_a^2}{r^2}TF \\[2ex]
\sigma_\theta = \dfrac{\sigma_x + \sigma_y}{2}\left(1 + \dfrac{r_a^2}{r^2}\right) - \dfrac{\sigma_x - \sigma_y}{2}\left(1 + 3\dfrac{r_a^4}{r^4}\right)\cos2\theta - \tau_{xy}\left(1 + 3\dfrac{r_a^4}{r^4}\right)\sin2\theta - P_w\dfrac{r_a^2}{r^2}TF \\[2ex]
\sigma_z = \sigma_z - \nu\left[2(\sigma_x - \sigma_y)\dfrac{r_a^2}{r^2}\cos2\theta + 4\tau_{xy}\dfrac{r_a^2}{r^2}\sin2\theta\right] \\[2ex]
\tau_{r\theta} = \dfrac{\sigma_y - \sigma_x}{2}\left(1 - 3\dfrac{r_a^4}{r^4} + 2\dfrac{r_a^2}{r^2}\right)\sin2\theta + \tau_{xy}\left(1 - 3\dfrac{r_a^4}{r^4} + 2\dfrac{r_a^2}{r^2}\right)\cos2\theta \\[2ex]
\tau_{\theta z} = (-\tau_{xz}\sin\theta + \tau_{yz}\cos\theta)\left(1 + \dfrac{r_a^2}{r^2}\right) \\[2ex]
\tau_{rz} = (\tau_{xz}\cos\theta + \tau_{yz}\sin\theta)\left(1 - \dfrac{r_a^2}{r^2}\right)
\end{cases}
$$

$$(3 - 15)$$

式中　　$P_w$——井筒压力，MPa；

　　　　$\theta$——射孔角度，(°)；

　　　　$\nu$——岩石泊松比；

$r_a$——井筒半径，m；

$r$——距离井筒轴线的径向距离，m；

$\sigma_r$、$\sigma_\theta$、$\sigma_z$——径向、周向和轴向应力，MPa；

$\tau_{r\theta}$、$\tau_{rz}$、$\tau_{\theta z}$——对应的剪应力，MPa。

假设套管和水泥，以及水泥和岩石的黏结质量都很好，不存在微环空，则传递因子 $TF$ 的物理意义代表通过套管传递到岩石表面的井筒流体压力的比例。

$$TF = \frac{\dfrac{1+\nu_S}{E_S}\dfrac{2(1-\nu_S)}{R_o^2 - R_i^2}R_i^2}{\dfrac{1+\nu}{E} + \dfrac{1+\nu_S}{E_S}\dfrac{R_i^2 + (1-2\nu_S)R_o^2}{R_o^2 - R_i^2}} \qquad (3-16)$$

式中　$E_S$——套管的杨氏模量，GPa；

　　　$\nu_S$——套管的泊松比；

　　　$E$——岩石的杨氏模量，GPa；

　　　$\nu$——套管的泊松比；

　　　$R_o$——井筒轴线到套管外边界的半径，m；

　　　$R_i$——井筒轴线到套管内边界的半径，m。

无论是螺旋式射孔方式还是定向式射孔方式，射孔通道都可以被假设为与井筒连接并垂直于井筒的小型裸眼井，非垂直的射孔方式不在本书的研究范围内。图 3－11 所示的是射孔孔眼应力状态示意图，从图 3－11 可以看出射孔通道在地层中受到由井筒流体压力和远场地应力分量在井筒周围共同作用形成的应力作用［式(3－15)］，具体包括水平方向上的应力 $\sigma_\theta$、垂直方向上的应力 $\sigma_z$、孔眼轴向上的应力 $\sigma_r$，以及对应的剪应力 $\tau_{r\theta}$、$\tau_{rz}$、$\tau_{\theta z}$。

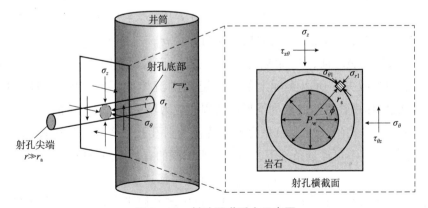

图 3－11　射孔通道受力示意图

将上述应力假设为远场地应力分量，其在射孔孔眼周围作用形成的应力可视为平板圆孔受压问题的求解。如图 3-11 所示，建立圆柱坐标系（$r_s$，$\phi$，$z_1$），其中 $z_1$ 轴为射孔通道的轴向方向。则根据弹性力学无限大平板圆孔问题的求解，可得公式（3-15）计算的井筒周围应力作用在射孔通道周围形成的应力场为：

$$
\begin{cases}
\sigma_{r1} = \dfrac{\sigma_\theta + \sigma_z}{2}\left(1 - \dfrac{r_b^2}{r_s^2}\right) + \dfrac{\sigma_\theta - \sigma_z}{2}\left(1 + 3\dfrac{r_b^4}{r_s^4} - 4\dfrac{r_b^2}{r_s^2}\right)\cos 2\phi + \\[2mm]
\qquad \tau_{\theta z}\left(1 + 3\dfrac{r_b^4}{r_s^4} - 4\dfrac{r_b^2}{r_s^2}\right)\sin 2\phi \\[2mm]
\sigma_{\theta1} = \dfrac{\sigma_\theta + \sigma_z}{2}\left(1 + \dfrac{r_b^2}{r_s^2}\right) - \dfrac{\sigma_\theta - \sigma_z}{2}\left(1 + 3\dfrac{r_b^4}{r_s^4}\right)\cos 2\phi - \tau_{\theta z}\left(1 + 3\dfrac{r_b^4}{r_s^4}\right)\sin 2\phi \\[2mm]
\sigma_{z1} = \sigma_r - 2\nu(\sigma_\theta - \sigma_z)\dfrac{r_b^2}{r_s^2}\cos 2\phi - 4\nu\tau_{\theta z}\dfrac{r_b^2}{r_s^2}\sin 2\phi \\[2mm]
\tau_{r\theta1} = \dfrac{\sigma_z - \sigma_\theta}{2}\left(1 - 3\dfrac{r_b^4}{r_s^4} + 2\dfrac{r_b^2}{r_s^2}\right)\sin 2\phi + \tau_{\theta z}\left(1 - 3\dfrac{r_b^4}{r_s^4} + 2\dfrac{r_b^2}{r_s^2}\right)\cos 2\phi \\[2mm]
\tau_{rz1} = (\tau_{rz}\sin\phi + \tau_{r\theta}\cos\phi)\left(1 - \dfrac{r_b^2}{r_s^2}\right) \\[2mm]
\tau_{\theta z1} = (-\tau_{r\theta}\sin\phi + \tau_{rz}\cos\phi)\left(1 + \dfrac{r_b^2}{r_s^2}\right)
\end{cases}
\tag{3-17}
$$

式中　$r_b$——射孔半径，m；

　　　$r_s$——距离射孔轴的距离，m；

　　　$\phi$——射孔孔眼柱坐标系下的方位角，（°）。

类比式（3-1）中的有效构造应力，将 $\sigma'_\theta = \sigma_\theta - P_o$ 和 $\sigma'_z = \sigma_z - P_o$ 代入式（3-17）可得射孔通道周围有效周向应力分量 $\sigma_{\theta1}$。

假设裂缝起裂之前，井筒流体压力和射孔通道的流体压力一致，而射孔通道相当于小型裸眼井，所以实际上射孔通道周围流体作用形成的周向应力场和 3.1.1 节流体作用在裸眼井筒周围形成的周向应力场，形式是一致的。

将 3.1.1 节式（3-2）中的井筒半径替换为射孔孔眼半径，类比式（3-3）即可得到射孔通道不可渗透条件下，射孔孔眼周围的有效周向总应力：

$$
\sigma'_{\theta-\text{tot}} = \sigma'_{\theta1} + \sigma_{\theta2} - P_o（不可渗透射孔）
\tag{3-18}
$$

同理，将 3.1.1 节式（3-4）和式（3-5）中的井筒半径替换为射孔孔眼半径，类比式（3-6）即可得到射孔通道可渗透、考虑渗流力作用的条件下，射孔孔眼周围的有效周向总应力：

$$\sigma'_{\theta-\text{tot}} = \sigma'_{\theta 1} + \sigma'_{\theta 2} + \sigma'_{\theta 3} \quad (\text{可渗透射孔}) \tag{3-19}$$

以射孔直井为例，利用式(3-18)和式(3-19)对射孔孔眼周围的有效周向总应力进行分析。如图3-12所示为不同条件下射孔孔眼周围方位角 $\phi = 90°$ 方向上的有效周向应力。由图3-12可以看出未注入压裂液时，射孔孔眼壁面处同样出现了应力集中，孔眼壁面处的有效周向压应力值最大。当注入压裂液后，孔眼周围有效压应力值大幅减小，射孔孔壁处的有效周向应力值最小，因此同裸眼井一致水力裂缝将在射孔孔壁处起裂。相对于不可渗透储层，考虑压裂液渗流进入储层，渗流力作用显著减小了射孔孔眼周围的有效周向压应力值，增大了孔眼壁面产生拉伸破裂的可能性。

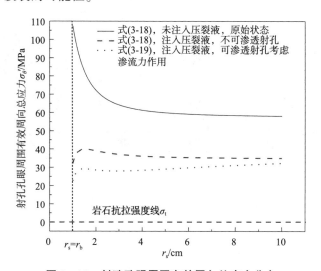

**图3-12　射孔孔眼周围有效周向总应力分布**

($\sigma_H = 40\text{MPa}$，$\sigma_h = 35\text{MPa}$，$\sigma_v = 60\text{MPa}$，$\nu = 0.25$，$TF = 1$，$P_o = 5\text{MPa}$，$\alpha = 1$，$\theta = 0°$，$\phi = 90°$)

### 3.2.2　射孔井地层破裂压力解析解推导

裸眼井水力裂缝通常沿着平行于最大水平主应力的方向起裂并扩展，然而射孔孔眼周围的应力场受射孔角度、原地应力状态和泊松比等因素的共同影响，其裂缝萌生方向更为复杂一些。基于此，在推导射孔井地层破裂压力公式之前，以射孔直井为例，利用公式(3-17)分析了不同因素对射孔孔眼周围应力集中状态的影响，其 $\sigma_{\theta 1}$ 应力场分布模拟结果如图3-13、图3-14和图3-15所示。

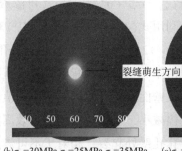

(a)$\sigma_H$=20MPa $\sigma_h$=15MPa $\sigma_v$=25MPa  (b)$\sigma_H$=30MPa $\sigma_h$=25MPa $\sigma_v$=35MPa  (c)$\sigma_H$=40MPa $\sigma_h$=35MPa $\sigma_v$=45MPa

**图 3 – 13　不同地应力条件下射孔孔眼周围 $\sigma_{\theta1}$ 应力场分布云图**

(模拟条件：射孔直井，$\theta = 0°$，$\nu = 0.25$，$r = r_a$，$r_b = 2\text{cm}$)

(a)$\nu$=0.1　　　　　　　(b)$\nu$=0.25　　　　　　　(c)$\nu$=0.45

**图 3 – 14　不同泊松比条件下射孔孔眼周围 $\sigma_{\theta1}$ 应力场分布云图**

(模拟条件：射孔直井，$\theta = 0°$，$\nu = 0.25$，$r = r_a$，$r_b = 2\text{cm}$，$\sigma_H = 20\text{MPa}$，$\sigma_h = 15\text{MPa}$，$\sigma_v = 25\text{MPa}$)

(a)射孔角度$\theta$=0°　　　　　(b)射孔角度$\theta$=30°　　　　　(c)射孔角度$\theta$=60°

**图 3 – 15　不同射孔角度条件下射孔孔眼周围 $\sigma_{\theta1}$ 应力场分布云图**

(模拟条件：射孔直井，$\nu = 0.25$，$r = r_a$，$r_b = 2\text{cm}$，$\sigma_H = 20\text{MPa}$，$\sigma_h = 15\text{MPa}$，$\sigma_v = 25\text{MPa}$)

　　从应力场模拟结果图 3 – 13、图 3 – 14 和图 3 – 15 可以看出，射孔通道和裸眼井情况一致，在孔眼壁面周围出现压应力集中现象。当射孔孔眼注入压裂液后，流体作用于射孔孔眼壁面时，流体作用形成的周向拉应力将逐渐克服射孔孔眼周围的压应力集中，直至在压应力集中的薄弱点处产生拉伸破裂，水力裂缝将沿着孔眼壁面压应力值最小，应力集中最薄弱的方向起裂。然而模拟结果表明孔眼周围压应力集中的薄弱点其方向会随着地应力值、泊松比和射孔角度的变化，从射孔孔眼柱坐标系下的方位角 $\phi = 90°$ 方向反转至 $0°$ 方向，因此射孔孔眼周围方位角 $\phi$ 等于 $90°$ 方向和 $0°$ 方向都有可能是裂缝的起裂方向。

此外由于射孔通道的长度较长，射孔根部靠近井筒，井筒水压力通过套管和水泥环在射孔根部形成的周向拉伸作用较大；在射孔的根部，地应力在井筒周围作用形成的压应力集中也较强；在射孔端部，由于远离井筒，虽然井筒水压力通过套管和水泥环对射孔端部的影响几乎可以忽略，但在射孔端部井筒作用形成的应力集中也基本恢复到了原地应力状态。因此为了进一步分析裂缝在射孔通道可能的起裂位置，以射孔直井为例，本书分析了射孔根部和射孔端部孔眼壁面处应力集中形成的周向压应力最小值，该值越小说明压裂液克服孔眼壁面应力集中使得裂缝起裂所需的水压力越小，即地层破裂压力越小。

如图 3-16 所示，在分隔线的左侧相比较射孔根部，射孔端部的周向压应力值 $\sigma_{\theta 1}$ 更小，因此裂缝可能会在射孔端部起裂；随着射孔角度的变化，在分隔线右侧出现反转，射孔根部的周向压应力更小，裂缝可能会在射孔根部起裂。

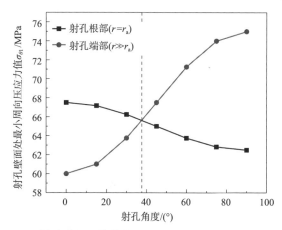

**图 3-16　射孔壁面处的最小周向压应力 $\sigma_{\theta 1}$ 随射孔角度变化图**
（模拟条件：射孔直井，$\nu = 0.25$，$r_b = 1$cm，$\sigma_H = 40$MPa，$\sigma_h = 35$MPa，$\sigma_v = 45$MPa，$P_w = 5$MPa，$TF = 1$）

此外，如图 3-17 所示，在相同地应力和射孔角度条件下，虽然射孔尖端的周向压应力值不受传递因子 $TF$ 的影响，但随着传递因子增大，井筒水压力 $P_w$ 通过套管和水泥环对岩石的作用越来越强，射孔根部的周向压应力会逐渐减小，在分割线处出现了反转，导致水力裂缝可能从射孔尖端起裂反转为从射孔根部起裂。综上所述，不同条件下，射孔根部和射孔尖端都有可能是水力裂缝的起裂位置，而这一点也已经得到了国外研究者室内实验的证实。

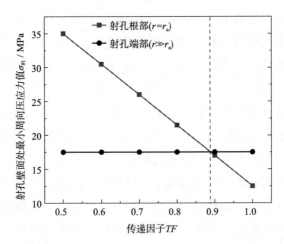

**图3-17 射孔壁面处最小周向压应力 $\sigma_{\theta1}$ 随传递因子 *TF* 变化图**

（模拟条件：射孔直井，$\nu=0.25$，$r_b=1\,\text{cm}$，$\sigma_H=22.5\,\text{MPa}$，$\sigma_h=17.5\,\text{MPa}$，$\sigma_v=35\,\text{MPa}$，$P_w=15\,\text{MPa}$）

通过上述分析，最终选择射孔柱坐标系下方位角 $\phi$ 等于90°方向和0°方向为水力裂缝可能的起裂方向，射孔根部和端部作为水力裂缝可能的起裂位置，射孔孔眼壁面为裂缝的起裂点，水力裂缝在射孔孔眼周围可能的四种起裂方式如图3-18所示。

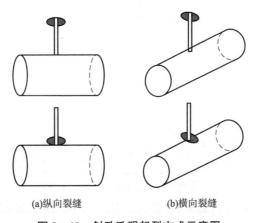

(a)纵向裂缝　　　　　　(b)横向裂缝

**图3-18 射孔孔眼起裂方式示意图**

仿照裸眼井将最大周向拉应力准则作为裂缝起裂的判断准则，推导射孔直井和射孔水平井任意射孔角度的地层破裂压力通解。具体的步骤如下：

（1）令 $r=r_a$ 或 $r\gg r_a$，$r_s=r_b$，$\tau_{xy}=0$，$\tau_{xz}=0$，将式（3-15）代入式（3-17）得到在射孔根部和射孔端部，任意射孔角度的射孔直井和射孔水平井其射孔孔眼壁面处的周向应力值 $\sigma_{\theta1}$；

(2)将周向应力值 $\sigma_{\theta1}$ 代入式(3-18)和式(3-19)推导得到射孔不可渗透不考虑渗流力和射孔渗透考虑渗流力两种情况下孔眼壁面处的有效周向总应力值 $\sigma'_{\theta-tot}$;

(3)将有效周向总应力值 $\sigma'_{\theta-tot}$ 代入裂缝起裂的判断准则式[式(3-8)],令 $\phi=90°$ 和 $0°$ 去求解 $P_w$,最终得到射孔直井和射孔水平井地层破裂压力的通解。

最终推导得到水力裂缝在射孔尖端起裂时$(r\gg r_a)$的地层破裂压力解析解为:

$$\begin{cases} P_{wf}=3\sigma_z-\dfrac{\sigma_x+\sigma_y}{2}+\dfrac{\sigma_x-\sigma_y}{2}\cos2\theta-P_o+\sigma_t, & \phi=0° \\[3mm] P_{wf}=3\left(\dfrac{\sigma_x+\sigma_y}{2}-\dfrac{\sigma_x-\sigma_y}{2}\cos2\theta\right)-\sigma_z-P_o+\sigma_t, & \phi=90° \end{cases}$$

（不可渗透射孔）

$$(3-20)$$

$$\begin{cases} P_{wf}=\dfrac{[6\sigma_z-(\sigma_x+\sigma_y)+(\sigma_x-\sigma_y)\cos2\theta+2\sigma_t](1-\nu)+P_o(4\alpha\nu-2\alpha)}{2\partial\nu+2-2\nu}, & \phi=0° \\[3mm] P_{wf}=\dfrac{[3(\sigma_x+\sigma_y)-3(\sigma_x-\sigma_y)\cos2\theta-2\sigma_z+2\sigma_t](1-\nu)+P_o(4\alpha\nu-2\alpha)}{2+2\alpha\nu-2\nu}, & \phi=90° \end{cases}$$

（可渗透射孔）

$$(3-21)$$

水力裂缝在射孔根部起裂时$(r=r_a)$的地层破裂压力解析解为:

$$\begin{cases} P_{wf}=\dfrac{3\sigma_z-\sigma_x-\sigma_y+(\sigma_x-\sigma_y)\cos2\theta(2-6\nu)-P_o+\sigma_t}{1-TF}, & \phi=0° \\[3mm] P_{wf}=\dfrac{3\sigma_x+3\sigma_y-\sigma_z+(\sigma_x-\sigma_y)\cos2\theta(2\nu-6)-P_o+\sigma_t}{1+3TF}, & \phi=90° \end{cases}$$

（不可渗透射孔）

$$(3-22)$$

$$\begin{cases} P_{wf}=\dfrac{[3\sigma_z-\sigma_x-\sigma_y+(2-6\nu)(\sigma_x-\sigma_y)\cos2\theta](1-\nu)+(2\alpha\nu-\alpha)P_o+(1-\nu)\sigma_t}{\alpha\nu+(1-\nu)(1-TF)}, \\[1mm] \qquad\qquad\qquad\qquad\qquad\qquad\qquad\qquad\qquad\qquad \phi=0° \\[3mm] P_{wf}=\dfrac{[3\sigma_x+3\sigma_y-\sigma_z+(2\nu-6)(\sigma_x-\sigma_y)\cos2\theta](1-\nu)+(2\alpha\nu-\alpha)P_o+(1-\nu)\sigma_t}{\alpha\nu+(1-\nu)(1+3TF)}, \\[1mm] \qquad\qquad\qquad\qquad\qquad\qquad\qquad\qquad\qquad\qquad \phi=90° \end{cases}$$

（可渗透射孔）

$$(3-23)$$

当计算地层破裂压力时,需要将射孔角和地应力值代入上述地层破裂压力公式,通过比较得到地层破裂压力的最小值 $P_{wf-min}$。$P_{wf-min}$ 即为射孔不可渗透不考虑渗流力或者射孔可渗透考虑渗流力条件下地层破裂压力的预测值。水力裂缝一般沿垂直于最小水平主应力的方向进行扩展。如果 $P_{wf-min}$ 的起裂方向 $\phi$ 并不是垂直于最小水平主应力的方向,则说明水力裂缝可能会从射孔壁面起裂后按一定角度转向并扩展一段距离,然后才能延伸到水力裂缝最终的扩展方向。

### 3.2.3 模型适应性分析与验证

在射孔过程中，岩石会被挤压变形，孔眼之间距离较近时可能会造成应力干扰，影响射孔的地层破裂压力大小。如果考虑射孔之间的应力干扰作用，则不同孔眼裂缝的起裂会变得非常复杂，将只能通过有限元、边界元等复杂的数值模拟方法对地层破裂压力进行分析计算，无法推导出一般的解析解。因此，忽略射孔之间的应力干扰，本节推导了射孔直井和射孔水平井地层破裂压力的通用解析解。

为探讨解析解的适用范围，以射孔直井为例分析了 $\phi = 0°$ 方向上孔眼周围的周向压应力 $\sigma_{\theta 1}$ 随半径的变化。如图 3-19 所示，射孔周围的周向压应力在射孔壁面处最大，随着与射孔轴线距离的增加而迅速减小。当距射孔轴线的距离 $r_s$ 达到射孔孔眼半径 $r_b$ 的 5 倍左右时，射孔周围的周向应力 $\sigma_{\theta 1}$ 几乎恢复为原地应力状态，应力集中现象消失。这就说明当相邻射孔孔眼之间的距离大于射孔半径 $r_b$ 的 5 倍左右时，射孔之间的应力干扰可以忽略不计，本节建立的一般解析解将适用于射孔孔眼地层破裂压力的预测。

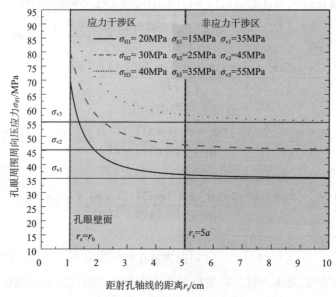

**图 3-19 射孔孔眼周围周向应力沿径向分布**

(射孔直井，$\phi = 0°$，$\theta = 45°$，$\nu = 0.25$，$r_b = 1\text{cm}$)

Hossain 模型是计算定向射孔井地层破裂压力的经典模型，该模型自提出以来得到了室内实验和现场施工数据的验证。在垂直井筒定向射孔(沿着最大水平主应力方向进行射孔)条件下,利用 Hossain 模型对本书推导的解析解模型进行了验证。如图 3 - 20 所示,在定向射孔不同地层深度条件下,本书推导的解析解模型其地层破裂压力的预测值略小于 Hossain 模型,但整体来看两者是基本吻合的,相对误差不超过 1%,这就验证了本节推导的射孔井地层破裂压力解析解模型的正确性。

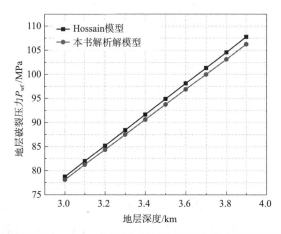

图 3 - 20  模型验证:**Hossain 模型和解析解模型地层破裂压力预测结果对比**
($\theta = 0°$, $\nu = 0.25$, $TF = 0.5$, $H = 3.0km$, $\sigma_v = 75MPa$, $\sigma_H = 70MPa$, $\sigma_h = 65MPa$, $P_o = 30MPa$)

### 3.2.4  射孔井地层破裂压力影响因素分析

利用 3.2.2 节推导的不同情况下的地层破裂压力通解,本节分析了地层深度、两向应力差、射孔角度、传递因子等不同因素对射孔直井和射孔水平井地层破裂压力的影响(假设射孔角度 $\theta = 0°$, $\nu = 0.25$, $TF = 0.5$, $\alpha = 1$, $\sigma_t = 0MPa$)。

假设地应力类型为正常地应力类型($\sigma_v > \sigma_H > \sigma_h$),地层主应力按照上覆岩石重力换算每 100m 均匀增大 2.5MPa,储层初始孔隙压力按照盐水的静液柱压力换算每 100m 均匀增大 1.05MPa。如图 3 - 21 所示的是不同地层深度条件下,射孔井地层破裂压力变化情况,其中虚线是孔眼不可渗透不考虑渗流力作用下的地层破裂压力,而实线对应的是孔眼可渗透考虑渗流力作用下的地层破裂压力。从图 3 - 21 可以看出随着地层深度增大,射孔直井和射孔水平井的地层破裂压力也随之增大。在相同深度条件下,射孔水平井的地层破裂压力明显低于射孔直井的地层破裂压力,水平井可以显著降低地层破裂压力值。此外流体渗流进入储层时,渗流力的作用显著降低了射孔井的地层破裂压力值,随着地层深度增大渗流力作用对地层破裂压力的影响也越显著。

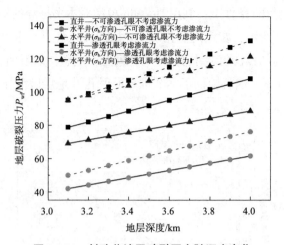

**图 3 - 21   射孔井地层破裂压力随深度变化**

($H = 3.1\text{km}$ 处 $\sigma_v = 80\text{MPa}$，$\sigma_H = 75\text{MPa}$，$\sigma_h = 70\text{MPa}$，$P_o = 31.5\text{MPa}$)

图 3 - 22 是不同地层主应力差条件下，射孔井的地层破裂压力变化情况，其中虚线是孔眼不可渗透不考虑渗流力作用下的地层破裂压力，而实线对应的是孔眼可渗透考虑渗流力作用下的地层破裂压力。从图 3 - 22 可以看出，随着地层两向应力差增大，射孔直井和沿着最小水平主应力 $\sigma_h$ 方向所钻的水平井其地层破裂压力都随之减小，但沿着最大水平主应力 $\sigma_H$ 方向所钻的水平井其地层破裂压力随之增大。最大水平主应力和最小水平主应力越接近，两向应力差越小时，渗流力作用对沿着最小水平主应力 $\sigma_h$ 方向所钻的射孔水平井和射孔直井的地层破裂压力影响就越显著。

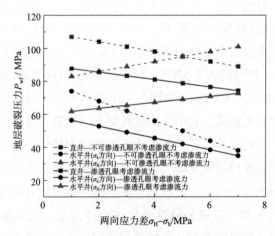

**图 3 - 22   射孔井地层破裂压力随两向应力差变化**

($\sigma_v = 77.5\text{MPa}$，$\sigma_H = 72.5\text{MPa}$，$P_o = 30\text{MPa}$)

传递因子 TF 对井筒压力施加给储层岩石的拉应力起着决定性作用，因此该系数对射孔井的地层破裂压力和起裂位置有很大影响。本书通过推导的解析解，以射孔直井为例，分析了不同深度和不同射孔角度条件下，传递因子 TF 和渗流力作用对射孔井裂缝起裂位置的影响，分析结果如图 3－23 和图 3－24 所示。

图 3－23 所示的不同地层深度和传递因子 TF 条件下，射孔孔眼可渗透考虑渗流力作用与不可渗透不考虑渗流力作用两种情况下射孔直井的裂缝起裂位置情况。从图 3－23 可以看出，对于深度较浅的地层，无论传递因子多大和射孔是否可渗透，裂缝都将在射孔尖端起裂。随着地层深度增大，射孔孔眼有可能在传递因子 TF 较大，井筒压力对储层岩石作用较强的情况下在射孔的根部起裂；而当传递因子 TF 小于 0.6 时，井筒压力通过套管对储层岩石的作用已经不足以让水力裂缝在射孔根部起裂；当 TF 介于 0.6 和 0.8 之间时，渗流力作用有可能使得原本不可渗透孔眼根部起裂的水力裂缝在射孔尖端起裂。流体渗流进入储层，渗流力的作用可以显著增大射孔孔眼尖端起裂的可能性，在地层深度较大时渗流力的作用更为明显。

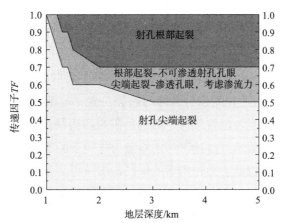

**图 3－23　不同地层深度条件下射孔直井裂缝起裂位置**
（$H = 1.0$ km，$\sigma_v = 35$ MPa，$\sigma_H = 22.5$ MPa，$\sigma_h = 17.5$ MPa，$P_o = 5$ MPa）

图 3－24 所示的是不同射孔角度和传递因子 TF 条件下，射孔孔眼可渗透与不可渗透两种情况下射孔直井的裂缝起裂位置情况。从图 3－24 可以看出，当传递因子 TF 小于 0.6 时，无论射孔角度多大和是否可渗透，裂缝都将在射孔尖端起裂；当传递因子 TF 大于 0.8 时，无论射孔角度多大和是否可渗透，裂缝都将在射孔根部起裂；当 TF 介于 0.6 和 0.8 之间时，渗流力作用有可能使得原本不可渗透孔眼根部起裂的水力裂缝在射孔尖端起裂。流体渗流进入储层，渗流力的作用可以显著增大射孔孔眼尖端起裂的可能性，在射孔角度较小靠近最大水平主应力方向时渗流力作用将更为明显。

如果水力裂缝在射孔根部起裂，则有可能使得水泥环失效，破坏井筒的完整性。因此从上述分析可以看出对于射孔井，应该选择黏度较小渗流作用更强的压裂液去增强渗流力的作用，同时选择合适的套管降低传递因子 $TF$，从而使得水力裂缝尽可能在射孔尖端起裂，避免水泥环的损坏。

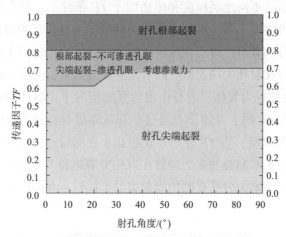

图 3 - 24　不同射孔角度条件下射孔直井裂缝起裂位置
($\sigma_v = 85\text{MPa}$, $\sigma_H = 72.5\text{MPa}$, $\sigma_h = 67.5\text{MPa}$, $P_o = 30\text{MPa}$)

本书建立的解析解模型相比较传统模型可计算任意射孔角度孔眼的地层破裂压力。通过调整 $TF$ 的大小控制水力裂缝的起裂位置，本节分析了射孔直井，不同射孔角度和水力裂缝起裂位置条件下的地层破裂压力情况，模拟结果如图 3 - 25 所示，其中虚线是孔眼不可渗透不考虑渗流力作用下的地层破裂压力，而实线对应的是孔眼可渗透考虑渗流力作用下的地层破裂压力。从图 3 - 25 可以看出，无论水力裂缝在射孔根部起裂还是尖端起裂，沿着最大水平主应力方向射孔的孔眼其地层破裂压力都最小，随着远离最大水平主应力方向，射孔孔眼的地层破裂压力逐渐增大，垂直于最大水平主应力方向的射孔孔眼其地层破裂压力最大。此外，图 3 - 25 表明压裂液渗流进入储层，渗流力作用可以显著减小不同射孔孔眼的地层破裂压力，使得地层破裂压力最大值和最小值差距更小。

综合上述分析可以看出，最大水平主应力方向是定向射孔井可以显著降低地层破裂压力的最佳射孔方向。对于螺旋式射孔方式，有可能靠近最大水平主应力方向的射孔孔眼其水力裂缝最先起裂和扩展，而远离最大水平主应力方向的孔眼由于地层破裂压力较大，水力裂缝可能难以起裂。因此对于螺旋式射孔方式，可以考虑选择低黏度压裂液增强渗流力的作用减小不同射孔角度孔眼地层破裂压力值之间的差距，从而尽可能减小无效的射孔孔眼。

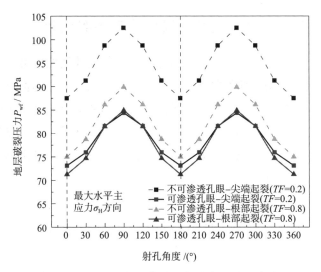

**图 3 – 25　不同射孔角度条件下射孔直井地层破裂压力**

（$\sigma_v = 85\text{MPa}$，$\sigma_H = 72.5\text{MPa}$，$\sigma_h = 67.5\text{MPa}$，$P_o = 30\text{MPa}$）

岩石毕奥特有效应力系数控制着渗流力作用的强弱，通过调整传递因子 *TF* 的大小，本书分析了水力裂缝在不同起裂位置条件下，毕奥特有效应力系数对射孔直井地层破裂压力的影响情况，结果如图 3 – 26 所示。从图 3 – 26 可以看出，毕奥特有效应力系数越大渗流力作用越强时，射孔孔眼的地层破裂压力越小。当水力裂缝在射孔尖端起裂时，毕奥特有效应力系数对于射孔孔眼的地层破裂压力影响更为显著。

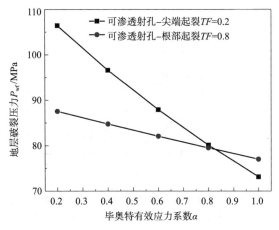

**图 3 – 26　不同毕奥特有效应力系数条件下射孔直井地层破裂压力对比**

（$\sigma_v = 85\text{MPa}$，$\sigma_H = 72.5\text{MPa}$，$\sigma_h = 67.5\text{MPa}$，$P_o = 30\text{MPa}$）

### 3.2.5　射孔井与裸眼井渗流力作用效果对比

上述研究已经分析了渗流力作用对裸眼井和射孔井地层破裂压力的影响，研究结果表明渗流力作用对裸眼井和射孔井地层破裂压力的影响都比较显著。本节以垂直井筒为例，利用此前推导的不可渗透储层不考虑渗流力作用的地层破裂压力公式[式(3−10)、式(3−20)、式(3−22)]和储层可渗透考虑渗流力作用的地层破裂压力公式[式(3−11)、式(3−21)、式(3−23)]，对比分析了射孔井和裸眼井渗流力的作用效果。

图3−27所示是相同地层深度不同毕奥特有效应力系数条件下，裸眼井与射孔井，储层渗透考虑渗流力作用相比较储层不可渗透不考虑渗流力作用下地层破裂压力降低的百分比。可以从图3−27看出，裸眼井筒由于压裂液渗流作用更强，因此渗流力作用降低地层破裂压力的效果要大于相同条件下射孔井渗流力的作用效果。当储层岩石的毕奥特有效应力系数较大时，渗流力作用可以使得裸眼井和射孔井的地层破裂压力降低10%以上。随着岩石毕奥特有效应力系数的减小，射孔井与裸眼井渗流力降低地层破裂压力的百分比呈线性递减趋势。对于射孔直井，当岩石毕奥特有效应力系数等于0.4时，渗流力降低地层破裂压力的百分比已经衰减至1%以下，渗流力的作用几乎可以忽视；而对于裸眼井，当岩石毕奥特有效应力系数等于0.2时，渗流力降低地层破裂压力的百分比才衰减至1%以下，渗流力作用对裸眼井地层破裂压力影响更大一些。

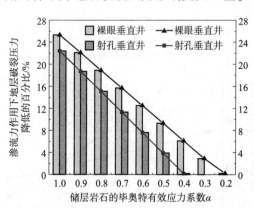

**图3−27　渗流力作用下裸眼井与射孔井地层破裂压力降低百分比变化情况**
（$\sigma_v = 80\text{MPa}$，$\sigma_H = 75\text{MPa}$，$\sigma_h = 70\text{MPa}$，$P_o = 31.5\text{MPa}$）

# 第4章 渗流力作用下水力裂缝
# 动态起裂机理

此前章节已经分析了圆筒周围渗流力的作用机理，推导了准静态渗流力作用下射孔井和裸眼井的地层破裂压力解析解公式。本章将在此前章节的基础上，以裸眼井筒为例，结合有限差分方法(FDM)，分析流固耦合条件下水力裂缝的动态起裂过程，研究压裂液黏度、井筒加压速率、储层渗透率等因素控制下瞬态渗流力作用对水力裂缝起裂过程的影响机理。

## 4.1 瞬态流固耦合模型建立

### 4.1.1 控制方程与瞬态差分格式推导

本书第2章已经分析了圆筒周围流体作用下的基本控制方程。对于裸眼直井，压裂液作用于井筒周围岩石满足的应力平衡方程和应力边界条件为：

$$\frac{\mathrm{d}\sigma_r'}{\mathrm{d}r} + \frac{\sigma_r' - \sigma_\theta'}{r} + \alpha\frac{\mathrm{d}P}{\mathrm{d}r} = 0 \text{（应力平衡方程）}$$

$$\begin{cases} \sigma_r' = P_\mathrm{w} - \alpha P_\mathrm{w}, & r = a \\ \sigma_r' = P_\mathrm{o} - \alpha P_\mathrm{o}, & r = c \end{cases} \text{（应力边界条件）} \tag{4-1}$$

如方程(4-1)所示，压裂液作用于井筒周围储层岩石形成的有效应力场可拆解为体积力和面力所形成的应力场的叠加，包括：①内外边界面力 $P_\mathrm{w} - \alpha P_\mathrm{w}$ 及 $P_\mathrm{o} - \alpha P_\mathrm{o}$；②渗流力项 $\alpha\mathrm{d}P/\mathrm{d}r$。

为了建立有限差分格式，首先建立应力函数 $\Phi$ 表征径向应力 $\sigma_r'$ 和周向应力 $\sigma_\theta'$：

$$\begin{cases} \sigma_{\theta2}' = \frac{\mathrm{d}\Phi}{\mathrm{d}r} + r\alpha\frac{\mathrm{d}P}{\mathrm{d}r} \\ \sigma_{r2}' = \frac{\Phi}{r} \end{cases} \tag{4-2}$$

由于井筒周围流体作用形成的应力场轴对称，因此由平面应变条件可得压裂液作用于井筒周围岩石满足的几何方程和物理方程为：

$$\begin{cases} \varepsilon_\theta = \dfrac{u_r}{r} \\[2mm] \varepsilon_r = \dfrac{\mathrm{d}u_r}{\mathrm{d}r} \text{ （几何方程）} \\[2mm] \gamma_{r\theta} = \dfrac{\mathrm{d}r\varepsilon_\theta}{\mathrm{d}r} \end{cases} \tag{4-3}$$

$$\begin{cases} \varepsilon_r = \dfrac{1}{E}\left[\sigma_r(1-\nu^2) - \nu(1+\nu)\sigma_\theta\right] \\[2mm] \varepsilon_\theta = \dfrac{1}{E}\left[\sigma_\theta(1-\nu^2) - \nu(1+\nu)\sigma_r\right] \end{cases} \text{ （物理方程）}$$

联立式(4-3)和式(4-2)并代入式(4-1)推导得到应力函数满足的相容方程和边界条件为：

$$r^2\frac{\mathrm{d}^2\Phi}{\mathrm{d}r^2} + r\frac{\mathrm{d}\Phi}{\mathrm{d}r} - \Phi + r^2\alpha\frac{(2+\nu-\nu^2)}{(\nu^2-1)}\frac{\partial P}{\partial r} + r^3\alpha\frac{\partial^2 P}{\partial r^2} = 0 \text{（相容方程）}$$

$$\begin{cases} \Phi = a(P_w - \alpha P_w), \ r = a \\[2mm] \Phi = c(P_o - \alpha P_o), \ r = c \end{cases} \text{ （边界条件）} \tag{4-4}$$

为了求解相容方程，还需要计算瞬态情况下压裂液渗流过程中井筒周围的孔隙压力分布。为此引入毕奥特多孔弹性固结理论，其中固体变形和流体共同影响下的孔隙压力传播控制方程为：

$$\begin{cases} \kappa\,\nabla^2 P = \alpha\dfrac{\partial\varepsilon_{kk}}{\partial t} + \dfrac{1}{Q}\dfrac{\partial P}{\partial t} \\[2mm] Q = \dfrac{2G(\nu_u - \nu)}{\alpha^2(1-2\nu)(1-2\nu_u)} \end{cases} \tag{4-5}$$

式中　$Q$——毕奥特模量，当 $\alpha = 1$，仅有渗流力作用时，$Q = 1/(\phi c_f)$；

　　　$\phi$——岩石的孔隙度；

　　　$c_f$——流体的压缩系数，$Pa^{-1}$；

　　　$G$——剪切模量，$G = E/2(1+\nu)$，$Pa$；

　　　$\nu$——排水泊松比；

　　　$\nu_u$——未排水泊松比；

　　　$t$——时间，$s$；

　　　$\kappa$——渗透系数，$\kappa = k/\mu$；

　　　$k$——渗透率，$\mu m^2$；

　　　$\mu$——流体黏度，$Pa \cdot s$；

　　　$\varepsilon_{kk}$——体积膨胀量。

为了便捷求解孔隙压力传播方程，Geertsma 和 Yew 等在毕奥特固结理论的基础上，分析推导了体积膨胀量和孔隙压力之间的关系：

$$\begin{cases} \varepsilon_{kk} = c_m P \\ c_m = \dfrac{\alpha(1-2\nu)}{2G(1-\nu)} \end{cases} \tag{4-6}$$

利用式(4-6)对式(4-5)进行处理，可得到考虑固体变形影响的孔隙压力传播方程：

$$\nabla^2 P = \frac{1}{\kappa}\left(\alpha c_m + \frac{1}{Q}\right)\frac{\partial p}{\partial t} \tag{4-7}$$

相容方程(4-4)和孔隙压力传播方程(4-7)，即为渗流力作用下瞬态流固耦合模型的基本控制方程，利用有限差分方法对上述方程进行离散化处理，得到：

$$\begin{cases} r_i^2 \dfrac{\Phi_{i+1}+\Phi_{i-1}-2\Phi_i}{h^2} + r_i \dfrac{\Phi_{i+1}-\Phi_{i-1}}{2h} - \Phi_i - r_i^2 \alpha \dfrac{(2+\nu-\nu^2)P_{i+1}-P_{i-1}}{(\nu^2-1)} \dfrac{}{2h} + r_i^3 \alpha \dfrac{P_{i+1}+P_{i-1}-2P_i}{h^2} = 0 \\ \dfrac{P_{i+1}^{j+1}-2P_i^{j+1}+P_{i-1}^{j+1}}{h^2} + \dfrac{1}{r_i}\dfrac{P_{i+1}^{j+1}-P_{i-1}^{j+1}}{2h} = \beta\dfrac{P_i^{j+1}-P_i^j}{\Delta t} \\ \beta = \dfrac{1}{\kappa}\left(\alpha c_m + \dfrac{1}{Q}\right) \\ r_i = h \cdot i + a,\ i = 0,\ 1,\ 2,\ \cdots,\ n \\ t_j = \Delta t \cdot j,\ j = 0,\ 1,\ 2,\ \cdots,\ m \end{cases}$$

$$\tag{4-8}$$

式中　$h$——迭代步长，$h = c - a/n$；

　　　$\Delta t$——时间步长；

$(r_i,\ t_j)$——网格节点。

对时间采用的是向后差分格式，网格节点示意图如图4-1所示。

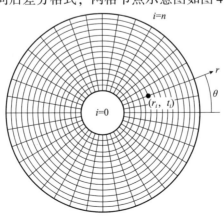

**图4-1　网格节点示意图**

在水力压裂过程中，按照压裂施工曲线可知井筒压力可视为按照恒定加压速率进行增压，而外边界远场处的孔隙压力可假设为初始孔隙压力，则孔隙压力传播方程的边界条件为：

$$\begin{cases} P(0, j) = Ct_j + P_o, & r = a \\ P(n, j) = P_o, & r = c \end{cases} \tag{4-9}$$

式中　$C$——井筒的加压速率，MPa/s。

根据式(4-8)和式(4-9)即可以建立求解应力函数和孔隙压力所需的三对角矩阵，其中孔隙压力满足的三对角矩阵 $\boldsymbol{AX} = \boldsymbol{B}$ 为：

$$\boldsymbol{A} = \begin{bmatrix} (1+2A_1) & -\left(A_1 + \dfrac{A_2}{r_1}\right) & 0 & \cdot & \cdot & 0 \\ \left(\dfrac{A_2}{r_2} - A_1\right) & (1+2A_1) & -\left(A_1 + \dfrac{A_2}{r_2}\right) & \cdot & \cdot & 0 \\ 0 & \cdot & \cdot & \cdot & \cdot & \cdot \\ \cdot & \cdot & \cdot & \cdot & \cdot & \cdot \\ \cdot & \cdot & \cdot & \left(\dfrac{A_2}{r_{n-2}} - A_1\right) & (1+2A_1) & -\left(A_1 + \dfrac{A_2}{r_{n-2}}\right) \\ 0 & \cdot & \cdot & \cdot & \left(\dfrac{A_2}{r_{n-1}} - A_1\right) & (1+2A_1) \end{bmatrix} \tag{4-10}$$

其中，$A_1 = \Delta t/(h^2\beta)$；$A_2 = \Delta t/(2h\beta)$

$$\boldsymbol{X} = \begin{bmatrix} P_1^{j+1} \\ P_2^{j+1} \\ \cdot \\ \cdot \\ \cdot \\ P_{n-1}^{j+1} \end{bmatrix} \qquad \boldsymbol{B} = \begin{bmatrix} P_1^j - \left(\dfrac{A_2}{r_1} - A_1\right)P_0^{j+1} \\ P_2^j \\ \cdot \\ \cdot \\ \cdot \\ P_{n-1}^j + \left(A_1 + \dfrac{A_2}{r_{n-1}}\right)P_n^{j+1} \end{bmatrix} \tag{4-11}$$

应力函数满足的三对角矩阵为 $\boldsymbol{CY} = \boldsymbol{D}$：

$$C = \begin{bmatrix} \dfrac{-2r_1^2 - h^2}{h^2} & \dfrac{2r_1^2 + hr_1}{2h^2} & 0 & \cdot & \cdot & 0 \\ \dfrac{2r_2^2 - hr_2}{2h^2} & \dfrac{-2r_2^2 - h^2}{h^2} & \dfrac{2r_2^2 + hr_2}{2h^2} & \cdot & \cdot & 0 \\ 0 & \cdot & \cdot & \cdot & \cdot & \cdot \\ \cdot & \cdot & \cdot & \cdot & \cdot & \cdot \\ \cdot & \cdot & \cdot & \dfrac{2r_{n-2}^2 - hr_{n-2}}{2h^2} & \dfrac{-2r_{n-2}^2 - h^2}{h^2} & \dfrac{2r_{n-2}^2 + hr_{n-2}}{2h^2} \\ 0 & \cdot & \cdot & \cdot & \dfrac{2r_{n-1}^2 - hr_{n-1}}{2h^2} & \dfrac{-2r_{n-1}^2 - h^2}{h^2} \end{bmatrix}$$

$$(4-12)$$

$$Y = \begin{bmatrix} \Phi_1 \\ \Phi_2 \\ \cdot \\ \cdot \\ \cdot \\ \Phi_{n-1} \end{bmatrix} \quad D = \begin{bmatrix} \dfrac{r_1^3}{h^2}\alpha(P_2 + P_0 - 2P_1) - \dfrac{r_1^2}{2h}\alpha\gamma(P_2 - P_0) - \dfrac{2r_1^2 + hr_1}{2h^2}(aP_o - a\alpha P_o) \\ \dfrac{r_2^3}{h^2}\alpha(P_3 + P_1 - 2P_2) - \dfrac{r_2^2}{2h}\alpha\gamma(P_3 - P_1) \\ \cdot \\ \cdot \\ \cdot \\ \dfrac{r_{n-1}^3}{h^2}\alpha(P_n + P_{n-2} - 2P_{n-1}) - \dfrac{r_{n-1}^2}{2h}\alpha\gamma(P_n - P_{n-2}) - \dfrac{2r_{n-1}^2 + hr_2}{2h^2}(aP_n - a\alpha P_n) \end{bmatrix}$$

$$(4-13)$$

利用 MATLAB 软件编写程序，同步求解上述矩阵即可得到孔隙压力场和应力函数，进而利用应力函数可以求解得到瞬态流固耦合条件下井筒周围流体作用形成的应力场。

## 4.1.2 瞬态流固耦合模型验证

当不考虑岩石基质颗粒的压缩性(毕奥特有效应力系数 $\alpha$ 等于1)，且忽略固体变形对孔隙压力的影响时，孔隙压力的传播方程(4-7)可简化为：

$$\begin{cases} \dfrac{\partial^2 P}{\partial r^2} + \dfrac{1}{r}\dfrac{\partial P}{\partial r} = \dfrac{1}{\chi}\dfrac{\partial P}{\partial t} \\ \chi = \dfrac{k}{\phi\mu c_f} \end{cases}$$

$$(4-14)$$

式中 $\chi$——传播系数，$m^2/s$；

$t$——时间，s；

$k$——岩石的渗透率，$\mu m^2$；

$\phi$——岩石的孔隙度;

$\mu$——压裂液的黏度,Pa·s;

$c_f$——流体的压缩系数,$Pa^{-1}$,本书设 $c_f = 4.5 \times 10^{-10} Pa^{-1}$。

式(4-14)虽然没有考虑固体变形对于孔隙压力的影响,但依旧是依赖于时间的瞬态孔隙压力传播方程。根据式(4-14),Carslaw 和 Jaeger 推导了中空圆柱体周围恒定加压速率下孔隙压力径向分布的解析解:

$$P(r,t) = C \int_o^t f(r,s)\,\mathrm{d}s \qquad (4-15)$$

其中:

$$f(r,t) = 1 + \int_o^\infty \exp(-\chi u^2 t)\left[\frac{J_0(ur)Y_0(ua) - Y_0(ur)J_0(ua)}{J_0(ua)^2 + Y_0(ua)^2}\right]\frac{\mathrm{d}u}{u}$$

$$(4-16)$$

式中,$J_0$ 和 $Y_0$ 是第一类和第二类零阶贝塞尔函数。

通过修改有限差分方程[式(4-8)]中参数 $\beta$ 值的大小,利用上述瞬态孔隙压力分布的解析解,即可对本书建立的差分格式精确性进行验证。

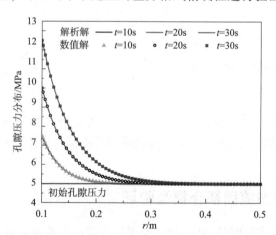

**图 4-2 径向方向解析解与数值解孔隙压力分布的对比**

$(\chi = 2.2 \times 10^{-4} m^2/s, \ C = 0.25 MPa/s)$

图 4-2 所示的是恒定加压速率下井筒周围孔隙压力分布的解析解与数值解对比图。由图 4-2 可以看出,从初始时刻开始,井筒加压后孔隙压力分布在井壁附近变化幅度较大,随着远离井壁逐渐趋于加压前的初始孔隙压力。不同时刻下,瞬态孔隙压力场解析解和本书数值解计算的孔隙压力值基本一致,相对误差限小于 0.1%,验证了本书建立的差分格式的准确性。

此外第 3 章已分析过,当储层不可渗透时没有渗流力的作用仅剩下井筒内外边界水压力也就是面力作用形成的有效周向应力，根据拉梅公式和太沙基有效应力定律，不可渗透储层流体作用形成的有效周向应力为：

$$\sigma_\theta' = \left[\frac{a^2 c^2 (P_o - P_w)}{c^2 - a^2} \frac{1}{r^2} - \frac{a^2 P_w - c^2 P_o}{c^2 - a^2}\right] - P_o \qquad (4-17)$$

当 $c \gg a$ 时，式（4-17）可以简化为：$\dfrac{a^2}{r^2}(P_o - P_w)$。注意本节设压应力为正值，拉应力为负值。

通过改变储层的渗透率，利用本节建立的有限差分格式计算考虑压裂液渗流进入储层，瞬态渗流力作用下井筒周围流体作用形成的有效周向应力，将数值解计算的结果与解析解方程［式（4-17）］计算的结果进行对比，结果如图4-3所示。

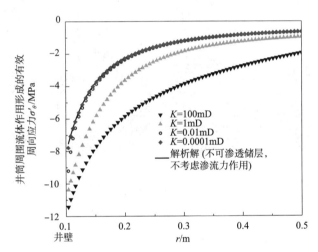

**图4-3 井筒周围流体作用形成的有效周向应力（解析解与数值解的对比）**
（$C = 0.25\text{MPa/s}$，$\mu = 10\text{mPa} \cdot \text{s}$，$\phi = 0.1$，$P_0 = 5\text{MPa}$，$\alpha = 1$，$t = 30\text{s}$）

从图4-3可以看出，对于渗透性储层，瞬态渗流力作用下井筒周围流体作用形成的有效周向应力大于不可渗透储层流体面力作用形成的有效周向应力。压裂液渗流进入储层，渗流力的作用导致井壁周围有效周向拉应力增大。当储层渗透率逐渐降低时，数值解开始逐渐逼近解析解，当储层渗透率逼近不可渗透状态时，解析解和数值解曲线基本重合，这就证明了本书建立的有限差分格式在计算压裂液瞬态渗流作用形成的有效周向应力场的稳定性和准确性。

## 4.1.3 瞬态条件下孔隙压力场和应力场分析

利用4.1.1节建立的有限差分格式，本节分析了井筒加压过程中孔隙压力场与应力场的瞬态演化过程，研究了不同因素影响下，井筒周围流体作用形成的有效应力场和孔隙压力场的特征。

### 4.1.3.1　孔隙压力场和应力场演化特征分析

图 4-4 所示的是水力压裂时井筒稳定加压过程中，不同时间步下井筒周围孔隙压力场和流体作用形成的有效周向应力场对应的伪彩图。图 4-5 是对应的孔隙压力与有效周向应力沿着径向方向随半径的变化(本节设 $\alpha = 1$，仅有渗流力作用；$C = 0.25\text{MPa/s}$，$\mu = 10\text{mPa} \cdot \text{s}$，$K = 0.1\text{mD}$，$\phi = 0.1$，$P_0 = 5\text{MPa}$)。

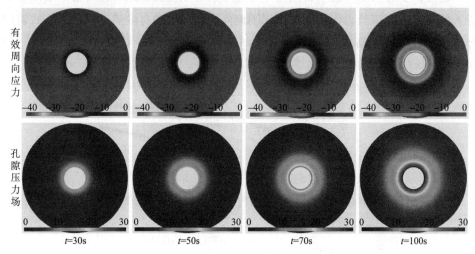

图 4-4　不同时间步下孔隙压力场和有效周向应力场伪彩图

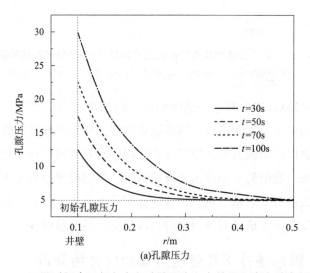

图 4-5　不同时间步下径向方向孔隙压力和有效周向应力随半径变化

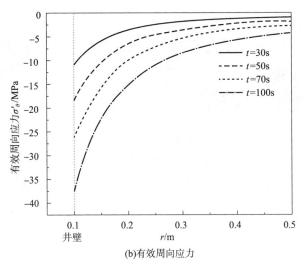

(b)有效周向应力

**图 4 – 5  不同时间步下径向方向孔隙压力和有效周向应力随半径变化( 续)**

结合图 4 – 4 和图 4 – 5 可以看出，在井筒稳定加压过程中，井筒周围孔隙压力场和渗流力作用形成的有效周向应力场发生显著变化。井壁周围孔隙压力和有效周向应力随时间变化幅度更大，随着远离井壁，孔隙压力开始快速衰减至初始孔隙压力状态。瞬态流固耦合条件下，不同时刻渗流力作用形成的有效周向应力都在井壁处最大，随着远离井壁逐渐减小趋于 0，井壁附近渗流力作用形成的有效周向应力变化幅度更大。

### 4.1.3.2  渗流参数的影响

图 4 – 6 所示的是相同时间步，不同压裂液黏度下孔隙压力场和渗流力作用形成的有效周向应力场所对应的伪彩图。图 4 – 7 是沿着径向方向孔隙压力和有效周向应力随半径变化图( 本节设 $\alpha = 1$，$\nu = 0.25$，$E = 5.0 \times 10^4 \mathrm{MPa}$，$K = 0.1 \mathrm{mD}$，$\phi = 0.1$，$P_0 = 5 \mathrm{MPa}$)。

结合图 4 – 6 和图 4 – 7 可以看出，相同时步下，压裂液黏度对瞬态条件下井筒周围的孔隙压力场和渗流力作用形成的有效周向应力场影响显著。压裂液黏度较大时，流体渗流进入储层，孔隙压力在井壁周围迅速衰减至初始孔隙压力状态；随着压裂液黏度的减小，井筒周围孔隙压力分布曲线逐渐趋于平缓；压裂液黏度越小，井筒周围孔隙压力分布越趋近于一维稳态达西线性流动分布状态。此外随着压裂液黏度的减小，井筒周围渗流力作用形成的有效周向应力场会显著增强，对应的有效周向拉应力值明显增大。因此，对于低渗储层，降低压裂液黏度可以显著增强井筒周围渗流力的作用。

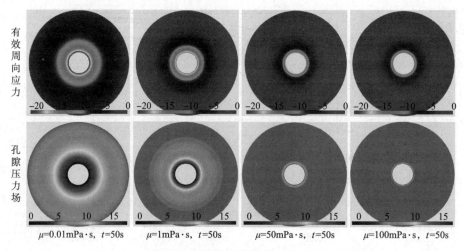

图 4 - 6　不同压裂液黏度下孔隙压力场和应力场伪彩图

（$C = 0.25\mathrm{MPa/s}$）

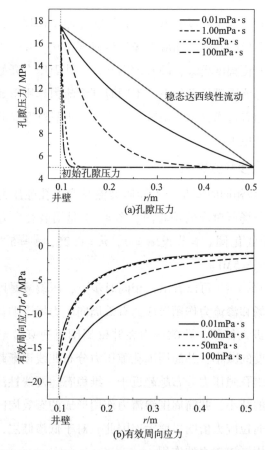

(a)孔隙压力

(b)有效周向应力

图 4 - 7　不同压裂液黏度下径向方向孔隙压力和有效周向应力随半径变化

图 4-8 所示的是采用不同的加压速率将井筒压力加压至相同压力时，孔隙压力场和渗流力作用形成的有效周向应力场所对应的伪彩图。图 4-9 是对应的沿着径向方向孔隙压力和有效周向应力随半径变化图。结合图 4-8 和图 4-9 可以看出，加压至相同压力时，加压速率的快慢对井筒周围孔隙压力场和渗流力作用形成的有效周向应力场有明显的影响。井筒加压速率越小，加压至相同压力所需的时间更大，但井筒周围孔隙压力分布会更趋于稳态线性达西渗流分布，对应的孔隙压力值更大；加压速率越大，井筒周围的孔隙压力衰减越快。随着加压速率的减小，渗流力在井筒周围形成的有效周向应力值逐渐增大；加压速率越小，井筒加压至相同压力时渗流力在井壁处形成的有效周向应力值越大。因此，对于渗透率较低的储层，可以考虑采用加压速率更低的压裂液排量增强渗流力的作用。

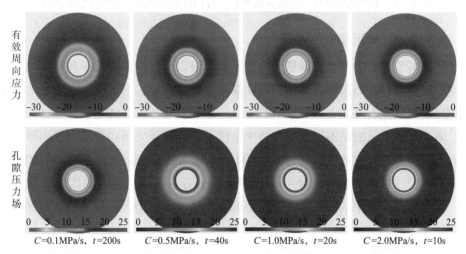

图 4-8　不同加压速率下孔隙压力场和有效周向应力场伪彩图

($\mu = 10 \mathrm{mPa \cdot s}$)

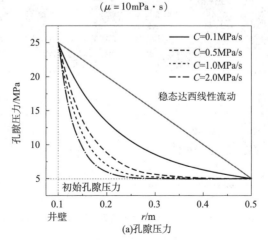

图 4-9　不同加压速率下径向方向孔隙压力和有效周向应力随半径变化

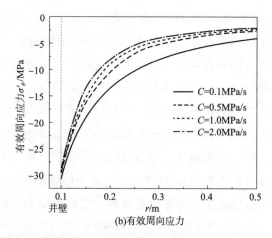

(b)有效周向应力

**图4-9 不同加压速率下径向方向孔隙压力和有效周向应力随半径变化(续)**

### 4.1.3.3 储层参数的影响

利用本节建立的瞬态流固耦合模型,同样可以分析储层渗透率和岩石力学等关键储层参数对井筒周围孔隙压力场和渗流力作用形成的有效周向应力场的影响(本节设 $\alpha = 1$, $\mu = 1\text{mPa} \cdot \text{s}$, $\phi = 0.1$, $P_0 = 5\text{MPa}$, $C = 0.25\text{MPa/s}$)。

图4-10所示的是不同储层渗透率条件下,孔隙压力场和渗流力作用形成的有效周向应力场对应的伪彩图。图4-11是对应的径向方向孔隙压力和有效周向应力随半径变化图。结合图4-10和图4-11可以看出,在低黏度压裂液条件下,随着储层渗透率的降低,孔隙压力的变化幅度随之增大;在井壁附近储层渗

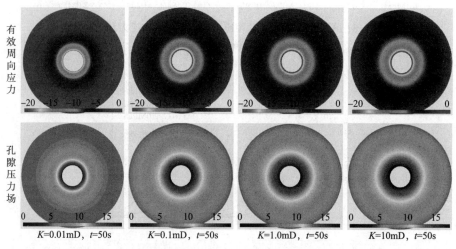

**图4-10 不同储层渗透率条件下孔隙压力场和应力场伪彩图**

$(E = 5.0 \times 10^4\text{MPa}, \nu = 0.25)$

透率越小，其孔隙压力衰减越快。对于图4-10和图4-11所示的低黏度压裂液模拟算例，当储层渗透率超过1mD时，孔隙压力分布同样开始趋于稳态线性达西渗流分布，渗透率对孔隙压力场和渗流力作用形成的有效周向应力场的影响逐渐微弱。低黏度压裂液条件下，储层渗透率越大，井筒周围孔隙压力值越大，渗流力作用形成的有效周向应力值也越大。

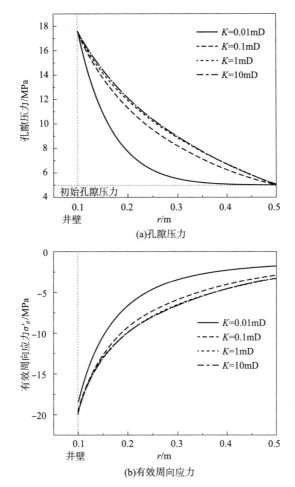

**图4-11  不同储层渗透率条件下径向方向孔隙压力和有效周向应力随半径变化**

图4-12和图4-14是不同杨氏模量和泊松比条件下，井筒周围孔隙压力场和渗流力作用形成的有效周向应力场对应的伪彩图。图4-13是对应的径向方向孔隙压力和有效周向应力随半径变化的分布图。

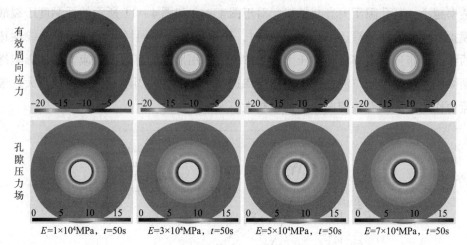

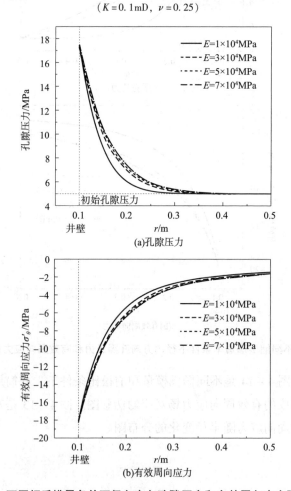

图 4-12 不同杨氏模量条件下孔隙压力场和应力场伪彩图

（$K = 0.1 \text{mD}$，$\nu = 0.25$）

(a)孔隙压力

(b)有效周向应力

图 4-13 不同杨氏模量条件下径向方向孔隙压力和有效周向应力随半径变化

有效周向应力

孔隙压力场

v=0.1, t=50s　　v=0.2, t=50s　　v=0.3, t=50s　　v=0.4, t=50s

**图 4 – 14　不同泊松比条件下孔隙压力场和有效周向应力场伪彩图**

（$K = 0.1\,\mathrm{mD}$，$E = 5.0 \times 10^{4}\,\mathrm{MPa}$）

　　结合图 4 – 12、图 4 – 13 和图 4 – 14 可以看出，在流固耦合条件下，岩石单元体的弹性变形会影响井筒周围孔隙压力场和渗流力作用形成的有效周向应力场。杨氏模量和泊松比越大，井筒周围孔隙压力值越大，对应的井筒周围渗流力作用形成的有效周向应力值也越大。整体来看，杨氏模量 $E$ 对孔隙压力场和渗流力作用形成的应力场的影响要比泊松比 $\nu$ 更大一些，但是相比较渗流参数，岩石力学参数对井筒周围孔隙压力场和渗流力作用形成的有效周向应力场影响要微弱很多。

## 4.2　裂缝起裂过程与影响因素

　　上一节已经建立了可以计算井筒周围孔隙压力场和流体作用形成的有效应力场的瞬态流固耦合模型。在该模型基础上仿照第 3 章 3.1 节内容，首先利用应力场叠加原理将式(3 – 1)计算得到的地应力场和瞬态流固耦合模型计算的流体作用形成的有效应力场进行叠加，从而得到裸眼井筒周围的有效周向总应力 $\sigma'_{\theta-\mathrm{tot}}$；然后在井筒加压过程中，每迭代一次利用最大周向拉应力准则判断井壁处有效周向总应力 $\sigma'_{\theta-\mathrm{tot}}$ 是否达到岩石的抗拉强度；当井壁处最大水平主应力方向的有效周向总应力达到岩石的抗拉强度时，地层发生破裂，水力裂缝开始萌生。水力裂缝起裂过程中的数值模拟流程图如图 4 – 15 所示。

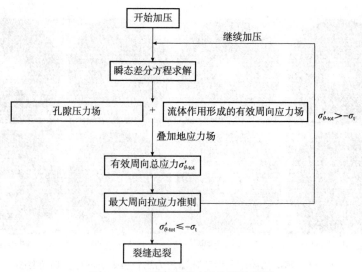

图 4 – 15　裂缝起裂过程模拟流程图

## 4.2.1　裂缝动态起裂过程研究

　　利用瞬态流固耦合模型，本节研究了从井筒开始加压直至水力裂缝开始起裂的动态过程。图 4 – 16 所示的是从 $t = 0\text{s}$ 井筒开始稳定加压直至裂缝萌生，井筒周围有效周向总应力 $\sigma'_{\theta - \text{tot}}$ 的演化过程。图 4 – 17 是对应的最大水平主应力方向

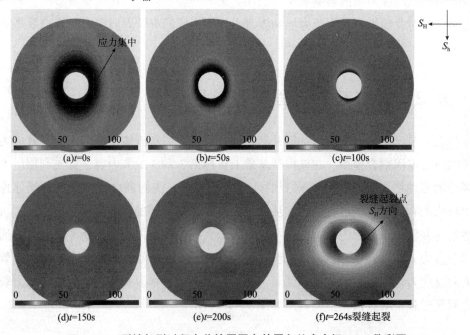

图 4 – 16　裂缝起裂过程中井筒周围有效周向总应力场 $\sigma'_{\theta - \text{tot}}$ 伪彩图

有效周向总应力 $\sigma'_{\theta\text{-tot}}$ 随半径变化图（本节设 $C=0.25\mathrm{MPa/s}$，$\mu=0.1\mathrm{mPa\cdot s}$，$K=0.1\mathrm{mD}$，$\phi=0.1$，$P_0=10\mathrm{MPa}$，$\alpha=1$，$E=5.0\times10^4\mathrm{MPa}$，$\nu=0.25$，$S_\mathrm{H}=65\mathrm{MPa}$，$S_\mathrm{h}=60\mathrm{MPa}$）。

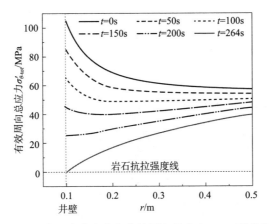

图 4-17　最大水平主应力方向有效周向总应力 $\sigma'_{\theta\text{-tot}}$ 随半径变化图

结合图 4-16 和图 4-17 可以看出，在初始时刻井壁周围处于压应力集中状态，随着井筒开始加压，井壁应力集中逐渐消失，井筒周围应力场受渗流力作用影响逐渐减小。初始时刻井壁处最大水平主应力方向的有效周向总应力最大，随着远离井壁有效周向总应力逐渐减小趋于初始地应力状态。当井筒开始加压后井壁的有效周向压应力值迅速减小，逐渐逼近岩石的抗拉强度线，直至井壁发生拉伸破坏水力裂缝开始起裂。

## 4.2.2　渗流作用对水力裂缝动态起裂影响机理分析

4.1 节的研究内容已经表明渗流参数相比其他参数对孔隙压力场和应力场的影响更为显著，因此本节重点分析了压裂液黏度和加压速率两个关键参数对水力裂缝动态起裂的影响（本节设 $K=0.1\mathrm{mD}$，$\phi=0.1$，$P_0=10\mathrm{MPa}$，$\alpha=1$，$E=5.0\times10^4\mathrm{MPa}$，$\nu=0.25$，$S_\mathrm{H}=65\mathrm{MPa}$，$S_\mathrm{h}=60\mathrm{MPa}$）。

### 4.2.2.1　压裂液黏度的影响

图 4-18 所示的是不同压裂液黏度，相同加压速率条件下，水力裂缝萌生时井筒周围的有效周向总应力场分布情况。图 4-19 是对应的最大水平主应力方向有效周向总应力沿着半径的分布情况。结合图 4-18 和图 4-19 可以看出压裂液黏度越低，井筒周围渗流力作用越强，水力裂缝起裂所需的时间越短。低黏度压裂液对应的渗流力作用更强，裂缝起裂时井筒周围的有效周向压应力

更小，受渗流力作用影响井壁周围逼近岩石抗拉强度线的深色区域的范围也更大。此外图4-18和图4-19也表明，对于模拟算例所示的低渗储层，1mPa·s和0.01mPa·s的低黏度压裂液对水力裂缝起裂的影响更显著，井筒周围有效周向总应力受渗流作用影响显著变小，随着远离井壁渗流作用的影响逐渐衰减。然而当压裂液黏度超过50mPa·s时，压裂液黏度对水力裂缝起裂的影响大幅减弱，随着远离井壁，井筒周围有效周向总应力迅速恢复至原地应力状态。

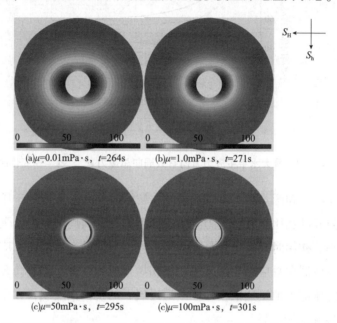

(a)$\mu$=0.01mPa·s, $t$=264s     (b)$\mu$=1.0mPa·s, $t$=271s

(c)$\mu$=50mPa·s, $t$=295s     (c)$\mu$=100mPa·s, $t$=301s

**图4-18 不同压裂黏度下裂缝起裂时刻井筒周围有效周向总应力场 $\sigma'_{\theta-tot}$ 分布**

($C=0.25$MPa/s)

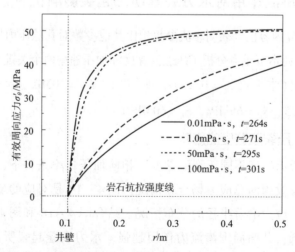

**图4-19 不同压裂液黏度下裂缝起裂时刻井筒周围有效周向总应力 $\sigma'_{\theta-tot}$ 随半径变化($S_H$ 方向)**

此前第 2 章节的研究内容已经表明毕奥特有效应力系数控制渗流力作用的大小，毕奥特有效应力系数越大，流体对岩石单元体作用时渗流力即体积力的作用越强。由于不同非常规储层的毕奥特有效应力系数差异较大，基于 Li 等统计的不同类型储层毕奥特有效应力系数的测量结果，本书最终选择了 0.2~1 不同毕奥特有效应力系数值研究渗流力的作用。

图 4－20 所示的是在不同毕奥特有效应力系数控制下，压裂液黏度对水力裂缝起裂压力的影响。其中基线对比组是 Hubbert 和 Willis 提出的经典的不可渗透储层地层破裂压力的解析解，即 H－W 公式。可以看出，相比不可渗透储层基准组，压裂液渗流进入储层，渗流力作用显著降低了水力裂缝的起裂压力。随着压裂液黏度的降低，不同毕奥特有效应力系数下的裂缝起裂压力也随之降低。毕奥特有效应力系数越大，压裂液黏度越小时，渗流力的作用更强，裂缝起裂压力也更低。毕奥特有效应力系数越大时，25mPa·s 以下的低黏度压裂液对水力裂缝起裂压力的影响越显著，裂缝起裂压力对应的曲线随压裂液黏度的变小衰减得更快。

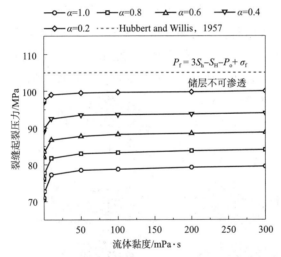

**图 4－20　不同压裂液黏度和毕奥特有效应力系数条件下裂缝起裂压力**

图 4－21 所示的是不同压裂液黏度与储层渗透率条件下水力裂缝起裂压力的变化曲线，为了曲线显示更清晰，横坐标采用对数坐标。从图 4－21 可以看出高黏度压裂液下储层渗透率变化对裂缝起裂压力的影响更为明显，储层渗透率对高黏度压裂液的敏感性更强一些。相同渗透率储层下，压裂液黏度越低，裂缝起裂压力越低；对于 100mD 以上的高渗储层，压裂液黏度对裂缝起裂压力的影响已经非常微弱，而对于 50mD 以下的低渗储层低黏度压裂液对裂缝起裂压力的降低

效果较为显著。综合上述分析可以看出，对于低渗和特低渗储层，采用黏度更低的压裂液可以增强渗流力的作用，从而降低水力裂缝起裂压力。

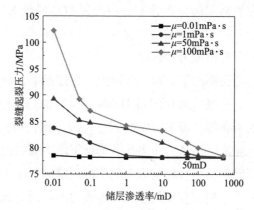

**图 4 – 21　不同压裂液黏度与渗透率下裂缝起裂压力分析**

（$C = 0.25\,\mathrm{MPa/s}$）

### 4.2.2.2　加压速率的影响

图 4 – 22 所示的是不同井筒加压速率，相同压裂液黏度条件下，水力裂缝萌生时井筒周围的有效周向总应力场分布。图 4 – 23 是对应的最大水平主应力方向有效周向总应力随半径变化图。结合图 4 – 22 和图 4 – 23 可以看出，随着井筒加压速率的降低，水力裂缝起裂所需的加压时间大幅增加。加压速率越低，渗流力

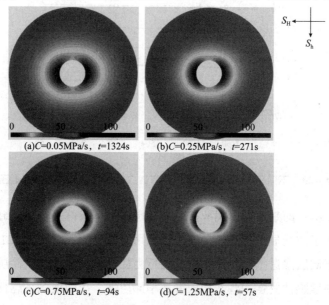

(a)$C$=0.05MPa/s，$t$=1324s　　　(b)$C$=0.25MPa/s，$t$=271s

(c)$C$=0.75MPa/s，$t$=94s　　　(d)$C$=1.25MPa/s，$t$=57s

**图 4 – 22　不同加压速率下裂缝起裂时刻井筒周围有效周向总应力场 $\sigma'_{\theta-\mathrm{tot}}$ 伪彩图**

（$\mu = 10\,\mathrm{mPa \cdot s}$）

作用越强，裂缝起裂时井筒周围的有效周向压应力越小，受渗流力作用影响井壁周围逼近岩石抗拉强度线的深色区域的范围更大。相比压裂液黏度，随着加压速率的增大，井筒周围有效周向应力场的变化较为均匀，但裂缝起裂时间的变化幅度很大。

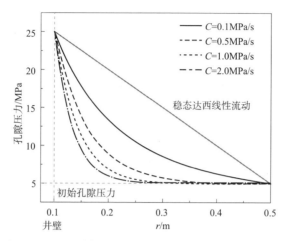

图4-23　不同加压速率下裂缝起裂时刻有效周向总应力 $\sigma'_{\theta-\text{tot}}$ 随半径变化（$S_{\text{H}}$ 方向）

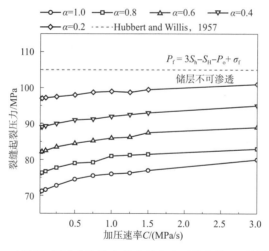

图4-24　不同加压速率和毕奥特有效应力系数条件下裂缝起裂压力

图4-24所示的是不同毕奥特有效应力系数控制下，井筒加压速率对水力裂缝起裂压力的影响。可以看出，随着加压速率的降低，不同毕奥特有效应力系数下的水力裂缝起裂压力也随之降低。毕奥特有效应力系数越大，加压速率越小时，渗流力的作用越强，裂缝起裂压力也更低。在较大的毕奥特有效应力系数条件下，加压速率对裂缝起裂压力的影响更强，曲线的变化幅度更大一些。

图 4-25 所示的是不同加压速率和储层渗透率条件下，水力裂缝起裂压力的变化曲线。从图 4-25 可以看出，不同于压裂液黏度，储层渗透率对高加压速率和低加压速率敏感性都比较强；随着储层渗透率的增大，相同加压速率下水力裂缝的起裂压力都随之显著降低；高加压速率下，水力裂缝起裂压力随储层渗透率的变化幅度更大一些。此外相同渗透率储层下，加压速率越低，裂缝起裂压力越低；对于 100mD 以上的高渗储层，加压速率对裂缝起裂压力的影响已经比较微弱，而对于 50mD 以下的低渗储层加压速率对裂缝起裂压力的影响较为显著。综上所述，对于低渗储层，可以考虑采用较低的加压速率增强渗流力的作用，从而降低水力裂缝的起裂压力，但选择过低的加压速率可能导致施工时间的大幅提升，这一点不容忽视。

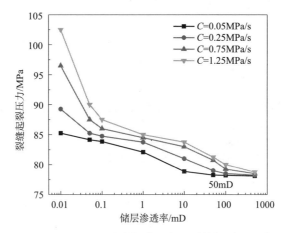

**图 4-25　不同加压速率与渗透率下裂缝起裂压力分析**

$(\mu = 10\text{mPa} \cdot \text{s})$

# 第5章 水力裂缝动态扩展颗粒流方法建模

此前章节已经分析了渗流力的作用机理，研究了渗流力作用在圆筒周围形成的应力场及其对水力压裂裂缝起裂的影响。本章将以第2章建立的渗流力理论力学模型为基础，结合离散元颗粒流方法，建立考虑渗流力作用的水力压裂裂缝扩展数值模拟模型，通过地应力解析解、裂缝扩展解析解和渗流力解析解验证模型的正确性，从而为后续分析研究渗流力对水力压裂裂缝扩展的影响机理建立可靠的模型。

## 5.1 颗粒流方法原理与流固耦合实现

### 5.1.1 颗粒流方法基本理论

离散元颗粒流方法（Particle Flow Code，PFC），主要是通过离散的方式把岩土划分为分离的圆盘颗粒或球形颗粒，颗粒和颗粒之间利用接触来描述相互作用。不同于有限元、边界元等连续介质体方法，颗粒流方法作为一种非连续体方法，能够模拟各种复杂的岩土材料，可实现模型最大化逼近真实岩土材料的力学响应特征，在大变形破坏和渐变破坏中相比传统数值方法展现出较大的优势。

PFC颗粒流方法计算时每个颗粒都是独立的对象，其通过力 – 位移定律更新接触颗粒间的接触力，然后通过牛顿第二运动定律更新颗粒的位置，进而调整颗粒间的接触关系，最后互相交替迭代直到系统平衡或者岩土发生破坏（图5 – 1）。

**图5 – 1　颗粒流方法计算循环过程示意图**

### 5.1.1.1　力－位移定律

力－位移定律通过颗粒单元间的相对位移和接触关系来表征接触力的大小。如图 5－2 所示，颗粒－颗粒接触和颗粒－墙体接触是颗粒流方法的两种接触方式，在颗粒单元的接触点处允许有一定的"重叠"区域，该区域能产生接触力，其大小和重叠量的大小直接相关。

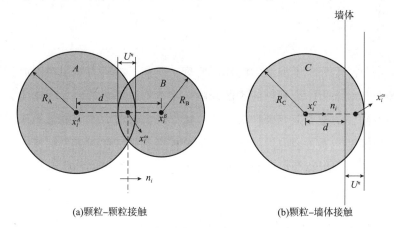

(a)颗粒–颗粒接触　　　　　　　(b)颗粒–墙体接触

**图 5－2　颗粒流方法不同类型接触示意图**

如图 5－2(a)所示，两颗粒之间接触平面的单位法向量为：

$$n_i = \frac{x_i^B - x_i^A}{d} \qquad (5-1)$$

式中　$n_i$——单位法向量，对于颗粒－墙体接触法向量定义为颗粒球心到约束墙体最短直线距离的连线方向；

$x_i^A$，$x_i^B$——颗粒 $A$ 和颗粒 $B$ 的位置；

$d$——颗粒 $A$ 和颗粒 $B$ 之间的距离，其计算公式为：

$$d = |x_i^B - x_i^A| = \sqrt{(x_i^B - x_i^A)(x_i^B - x_i^A)} \qquad (5-2)$$

接触间的重叠量 $U^n$ 为：

$$U^n = \begin{cases} R_A + R_B - d & \text{颗粒－颗粒接触} \\ R_C - d & \text{颗粒－墙体接触} \end{cases} \qquad (5-3)$$

式中　$R_A$——颗粒 $A$ 的半径；

$R_B$——颗粒 $B$ 的半径；

$R_C$——颗粒 $C$ 的半径。

不同接触模式其接触点位置 $x_i^\omega$ 的计算公式为：

$$x_i^\omega = \begin{cases} x_i^A + \left(R_A - \dfrac{1}{2}U^n\right)n_i & \text{颗粒 - 颗粒接触} \\ x_i^C + \left(R_C - \dfrac{1}{2}U^n\right)n_i & \text{颗粒 - 墙体接触} \end{cases} \qquad (5-4)$$

接触实体之间接触力矢量 $F_i$ 可以分解为法向接触力和切向接触力：

$$F_i = F_i^n + F_i^s \qquad (5-5)$$

法向接触力 $F_i^n$ 计算公式为：

$$F_i^n = K_n U^n n_i \qquad (5-6)$$

式中 $K_n$——接触点处的法向刚度。

接触力矢量 $F_i$ 产生的切向接触力通过增量形式计算，在模型运行初始时刻切向接触力先初始化为零，然后在每一个计算时步内接触上的切向接触力分量会不断累计增加，其切向接触力分量的增量由接触位移增量 $\Delta U_i^s$ 决定：

$$\Delta F_i^s = -K_s \Delta U_i^s \qquad (5-7)$$

式中 $K_s$——接触点处的切向刚度，$K_s$ 和 $K_n$ 的值都由接触模型决定。

### 5.1.1.2 运动定律

通过上述力 - 位移定律可以计算得到单个颗粒所受的合力和合力矩，在此基础上依据牛顿第二运动定律可计算出颗粒的加速度和角加速度，进而算出颗粒的速度、角速度以及位置变化。颗粒受力以后运动方式分为平动和转动两种方式，其基本的运动方程为：

$$F_i = m(\ddot{x}_i - g_i) \qquad (5-8)$$

$$M_i = I\dot{\omega}_i \qquad (5-9)$$

式（5-8）为平动方程，其中，$m$ 代表颗粒单元质量；$\ddot{x}_i$ 为加速度；$g_i$ 为体积力加速度矢量；式（5-9）为转动方程，$M_i$ 为作用在颗粒上的合力矩；$I$ 代表主惯性矩，$\dot{\omega}_i$ 为角加速度。

### 5.1.1.3 接触模型

平行黏结模型的黏结组件和线性元件平行，在接触之间建立弹性的相互作用，其不允许滑动，但是可以在不同实体之间同时传递力和力矩。该模型可视为由法向和切向刚度保持为常数的一组弹簧组成，这些弹簧具有抗拉强度 pb - ten 和抗剪强度 pb - shear。当最大正应力超过其抗拉强度时，颗粒间的接触断裂，产生拉伸裂缝；当作用在结构上的剪切应力超过其抗剪强度时产生剪切裂缝（图 5 - 3），在接触模型破坏后平行黏结模型会退化为线性模型。

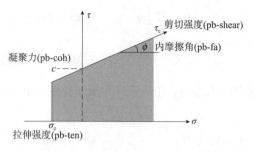

图 5-3 平行黏结模型的破坏包络线

## 5.1.2 粒子-流体耦合分析算法

如图 5-4 所示，PFC 流固耦合算法本质上是粒子 - 流体耦合的分析算法，该算法是在岩心模型的基础上，遍历所有颗粒，对每个颗粒周围的孔隙进行搜索，生成流体域网络，其中黑色线条组成的多边形为流体域，连接正方形的线条为流体域的流动通道，正方形为流体域中心，灰色圆形颗粒为岩石颗粒。

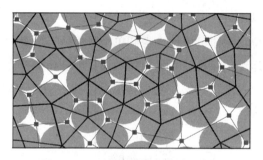

图 5-4 PFC 流固耦合模型示意图

颗粒 - 流体耦合模拟过程中首先遍历所有流域中心的孔隙压力，然后利用孔隙压力差计算流体域通道的流量，实现不同流体域间流体的流动，流体流动会改变流体域的流体体积和孔隙压力，影响了颗粒的受力和位移；反过来颗粒受孔隙压力作用后接触力和位置发生变化，改变了流体域通道的开度，进一步又影响了流体的流动和流体域的孔隙压力，两个过程迭代循环最终实现了岩样模型的流固耦合模拟，具体的迭代过程如图 5-5 所示。

在流体部分，与本书第 2 章分析渗流力机理时的假设一致，PFC 流固耦合算法假设流体在流动通道中的流动方式为泊肃叶流动，两个流体域之间的流量 $Q$ 表示为：

$$Q = \frac{a^3}{12\mu} \frac{\Delta p}{L} \tag{5-10}$$

式中 $a$——流动通道的开度，m；

　$\Delta p$——两个相邻流体域之间的压差，Pa；

　$L$——流动通道的长度，m；

　$M$——流体的黏度，Pa·s。

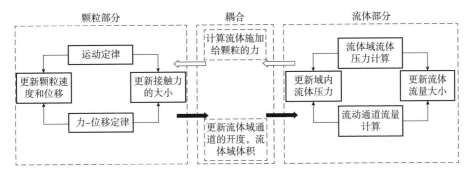

**图 5-5　PFC 流固耦合算法基本原理图**

在 PFC 流固耦合算法中，为了保障即使颗粒之间是紧密连接的也存在一个初始的渗透率，假设存在一个初始开度 $a_o$，当流体流动后，如果两颗粒之间的法向接触力为压应力时，流动通道的开度 $a$ 表示为：

$$a = \frac{a_o F_0}{F + F_0} \qquad (5-11)$$

式中 $F_0$——流动通道开度降低为初始开度一半时的压缩力；

　$F$——当前颗粒间的压缩力。

从式(5-11)可以看出当压缩力增大时开度会减小，流体域之间流量会变小，当压缩力减小时开度会增大，流体域之间流量会变大，通过力与开度的互作用关系实现了模型的流固耦合。

当法向接触力为拉应力或者颗粒间接触黏结被破坏时，流动通道的开度 $a$ 表示为：

$$a = a_o + \lambda (d - R_1 - R_2) \qquad (5-12)$$

式中 $d$——两颗粒之间的距离；

　$R_1$, $R_2$——两颗粒的半径；

　$\lambda$——无量纲安全系数，其作用是为了避免模拟的时候接触黏结破坏导致开度 $a$ 计算数值过大。

流体流动后流体域内孔隙流体体积发生变化，其孔隙压力大小受流体体积弹性模量控制，在 $\Delta t$ 时间步内，一个流体域压力的变化 $\Delta p$ 为：

$$\Delta p = \frac{K_f}{V_d} \left( \sum Q \Delta t - \Delta V_d \right) \qquad (5-13)$$

式中　$K_f$——流体的体积弹性模量，Pa；

　　　$V_d$——流体域体积，$m^3$；

　　　$\Delta V_d$——流体域体积变化量，$m^3$。

$\sum$ 表示对 $\Delta t$ 时间步内，所有流入或者流出该流体域的流体体积进行求和。

为了保障整个计算过程中，流固耦合模型运行稳定，必须使得流体域内因流量变化导致的流体压力响应小于流体域压力波动值，因此可确定流固耦合算法时间步 $\Delta t$ 必须满足：

$$\Delta t \leqslant S_f \frac{24\mu V_d \overline{R}}{N_P K_f w^3} \qquad (5-14)$$

式中　$S_f$——安全系数；

　　　$N_P$——流体域周围管道的数量；

　　　$\overline{R}$——流体域周围颗粒的平均半径。

## 5.2　岩石力学参数标定与渗透率测量

### 5.2.1　岩石力学实验模拟

PFC 程序通过接触模型的细观参数反映岩体的整体宏观力学特性，程序本身没有岩石宏观力学参数的概念，岩石的杨氏模量 $E$、泊松比 $\nu$、抗压强度 $\sigma_c$、抗拉强度 $\sigma_t$ 等宏观力学参数受多个细观参数共同影响决定，因此在开展水力压裂数值模拟之前首先要做的就是细观参数的标定，以使得模型的整体宏观力学参数符合数值模拟的需要。以单轴压缩实验为例，如图 5-6 所示，首先建立直径 5cm、高度 10cm 的岩体模型(灰色颗粒)，利用上下的墙体充当压力机，给墙体施加一定的速度模拟轴向压力进行单轴压缩实验，在压缩实验过程中岩体内部接触黏结会发生破坏产生裂纹，通过编写 Fish 函数实时监测岩体应力应变曲线，对比裂缝形态观察单轴压缩实验过程并获取岩石单轴压缩强度，同时结合杨氏模量和泊松比的定义计算获得岩石的宏观力学参数。

在标定过程中每改变一次模型的细观参数值，都会获得图 5-6 所示的一组结果，通过不断地调整各个细观参数值，使得数值模拟获得的岩石应力应变曲线、裂缝形态以及岩石宏观力学参数值最大化接近岩样真实单轴压缩实验获得的实验结果，最终完成标定过程。

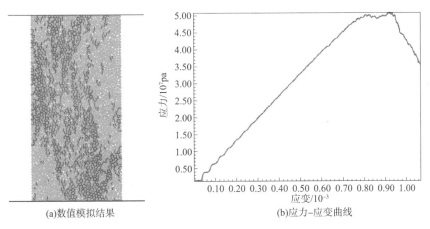

(a)数值模拟结果

(b)应力-应变曲线

图 5-6 岩石单轴压缩数值模拟图

## 5.2.2 达西渗流实验模拟

在进行水力压裂模拟之前首先要做的就是分析所建立的岩样模型的渗透率大小。然而 PFC 程序本身不具备岩石渗透率的概念，此前针对 PFC 岩样模型渗流性能的研究也较少，基于此，本书通过编写 PFC 脚本建立了一套岩心渗透率的测量与标定方法。如图 5-7 所示，首先建立岩石力学参数已标定过的水力压裂岩样模型，从压裂岩样模型中取出长度 10cm、直径 5cm 的岩心，利用流固耦合算法生成流体域网络。选择岩心左侧一定长度距离的流体域网络作为流体驱替过程的注入口，固定注入口的水压力大小，设定岩心右侧为流出口，其压力恒定为 0MPa，然后开始利用黏度为 1mPa·s 的流体进行恒压驱替，通过编写 Fish 函数文件实时监测驱替过程中注入口和流出口的流量，最后待注入口的流入曲线和流

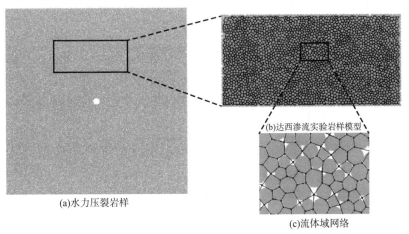

(a)水力压裂岩样

(b)达西渗流实验岩样模型

(c)流体域网络

图 5-7 达西渗流实验建模流程图

出口的流出曲线稳定以后，利用经典的达西定律公式即可计算获取岩石稳态渗流条件下水驱渗透率的大小。

上述过程模拟了恒压驱替条件下的达西稳态渗流实验，在测量渗透率时如果考虑流固耦合作用，渗透率测量值可能会产生较大的波动，甚至在流固耦合作用下岩心内部可能产生裂缝导致测量结果产生很大偏差。然而本书的研究重点并不是流固耦合作用下储层渗透率的变化情况，因此在测量渗透率时本书设定所有流体域通道的开度 $a$ 恒为：

$$a = \alpha(r_{max} + r_{min}) \tag{5-15}$$

式中　$\alpha$——无量纲系数；

$r_{max}$——最大颗粒半径，m；

$r_{min}$——最小颗粒半径，m。

利用式(5-15)将流体域的开度设定为一个和颗粒粒径相关的数值，这样既可以保证整个驱替过程的稳定和渗透率测量结果的准确，又可以通过调整无量纲系数 $\alpha$ 调控渗透率的大小，从而可便捷地通过单一参数的标定使得岩心的渗透率符合压裂模拟的需要。图 5-8 即为上述方法模拟得到的一组岩心渗透率结果，

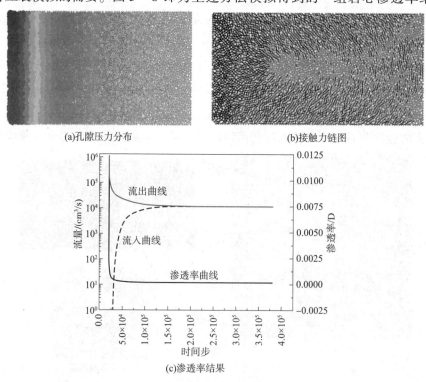

(a)孔隙压力分布　　　　　　(b)接触力链图

(c)渗透率结果

图 5-8　达西渗流实验模拟结果

可以看出孔隙压力分布很均匀，符合稳态达西渗流实验的孔隙压力场。当流体流入岩石孔隙，在孔隙压力作用下接触黏结原本的压应力作用逐渐变为了拉伸作用。随着驱替的进行，注入口的流量逐渐减小趋于平稳，流出口的流量逐渐增大至和注入口的流量趋于一致，当注入口和流出口的流量稳定时渗透率测量结果也趋于稳定。

图 5-9 所示的是水力压裂岩样模型渗透率标定流程。标定过程中首先选择一个合理的无量纲系数 $\alpha$，然后进行达西稳态渗流实验模拟，通过进出口端流量的监测判识渗流是否稳定并进行达西渗透率的计算，如果稳态渗流状态下渗透率模拟计算结果符合水力压裂数值模拟的需求则标定结束，否则重设无量纲系数 $\alpha$ 重新进行达西渗流实验模拟直至渗透率的标定结果符合模拟需求为止。

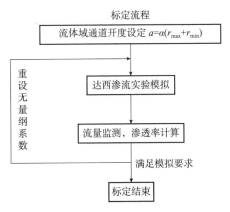

**图 5-9 水力压裂岩样模型渗透率标定流程**

# 5.3 粒子 – 流体耦合分析算法改进与渗流力验证

## 5.3.1 算法改进

### 5.3.1.1 裂隙通道流量的加速计算

流体流经岩石时会迅速流入微裂缝等优势通道中，裂缝的渗透率按照平板泊肃叶流动进行换算可能是岩石基质渗透率的几千甚至上万倍。针对该问题，本书编写的流固耦合算法程序在流固耦合过程中，每一个时间步都去判识所有接触黏结是否发生拉伸或者剪切破坏形成了裂缝，将识别出的裂缝其流体域通道开度和岩石基质颗粒受拉应力影响的开度分开独立计算[式(5-16)]，从而保证在流固耦合过程中，流体优先流入裂缝通道，缝内流体流量远大于岩石基质孔隙中的流体流量。

$$\begin{cases} a = a_o + \lambda(d - R_1 - R_2) & \text{基质开度} \\ a = \min(a_{HFo} + a_{gap},\ a_{safe}) & \text{裂缝开度} \end{cases} \quad (5-16)$$

式(5-16)中，$a_{gap}$ 代表接触黏结破坏后两个颗粒之间的距离；$a_{safe}$ 是为了数值稳定性设定的最大允许开度值；$a_{HFo}$ 是裂缝通道的初始开度。$a_{HFo}$ 和 $a_o$ 设定为不同的数量级，从而保证裂缝通道流量远大于基质储层。

### 5.3.1.2  流体域通道摩擦力的施加

5.1.2 节已经介绍了流固耦合算法中流体部分的控制方程，如图 5-10 所示，当流体域孔隙压力改变时，颗粒受孔隙压力作用其受力和位移会产生变化，进而影响岩石宏观力学行为。此前传统的流固耦合算法只考虑了孔隙压力施加给颗粒表面的法向水压力作用，通过将颗粒表面法向水压力进行积分，将其合力以体积力 $F_p$ 的形式作用于颗粒中心，如式(5-17)所示：

$$F_P = \int Pr\cos\theta \mathrm{d}\theta = Pn_i s \quad (5-17)$$

式中　$P$——流体域的孔隙压力，Pa；

　　　$r$——颗粒半径，m；

　　　$n_i$——颗粒两个相邻接触点连线段的法向量；

　　　$s$——颗粒两相邻接触点之间连线段的长度，m。

上述流固耦合算法计算孔隙压力作用于颗粒的方式和土力学中渗流力的微观作用机理一致，都是将水压力以体积力的形式作用于岩石的颗粒。但是如图 5-10 所示，传统的流固耦合算法忽略了流体流经流体域通道时施加给颗粒表面的摩擦力作用，导致其计算渗流力作用时结果并不准确。基于此，本书推导了流体流经流体域通道时施加给颗粒表面的摩擦力作用，通过编写 Fish 函数将摩擦力作用加入流固耦合算法中，从而真实模拟流体流经岩石孔隙喉道时渗流力对岩石颗粒的作用。

如图 5-10 所示，按照 PFC 流固耦合算法的假设，流动通道为上下平行的薄板，板间开度为 $a$，板长为 $L$，流体流动方式为黏性不可压缩牛顿流体的层流流动，为了计算流体流经通道时施加给板面的摩擦力，首先分析两个相邻流体域在孔隙压力差作用下流体的速度分布：

$$u = \frac{a^2}{2\mu}\left[\frac{y}{a} - \left(\frac{y}{a}\right)^2\right]\frac{\mathrm{d}p}{\mathrm{d}x} \quad (5-18)$$

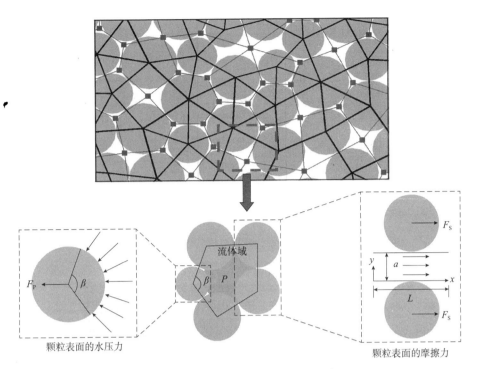

图5-10　流固耦合过程中颗粒受力示意图

然后对速度 $u$ 求导：

$$\frac{\mathrm{d}u}{\mathrm{d}y} = \frac{1}{2\mu}\frac{\mathrm{d}p}{\mathrm{d}x}(a-2y) \tag{5-19}$$

进一步得到流体施加的剪应力：

$$\tau_{yx} = \mu\frac{\mathrm{d}u}{\mathrm{d}y} = \frac{\mathrm{d}p}{\mathrm{d}x}\left(\frac{a}{2}-y\right) \tag{5-20}$$

令 $y=0$ 或者 $y=a$，对板面的剪应力沿着 $x$ 方向进行积分得到流体施加给平板的摩擦力 $F_S$：

$$F_S = \int_0^L \tau_{yx}\mathrm{d}x = \Delta p\frac{a}{2} \tag{5-21}$$

式（5-21）表明流体流经通道时，施加给颗粒表面的摩擦力取决于相邻两个流体域之间的压差 $\Delta p$ 和流体域通道的开度 $a$。基于此，本书对传统流固耦合算法进行改写，首先遍历所有流体域的孔隙压力，判识每个流动通道相邻两个流体域之间的压差，然后利用式（5-17）和式（5-21）计算法向水压力 $F_P$ 和摩擦力 $F_S$，将两者合力以体积力的形式共同作用于颗粒中心，从而精准模拟渗流力对岩石颗粒的作用。

### 5.3.2 渗流力模拟与验证

#### 5.3.2.1 土力学渗流力定义验证

此前第 2 章已经分析了土力学中流体对岩土颗粒施加的渗流力作用的定义式，对于饱和土样单位体积土体所受的渗流力大小为 $j = \gamma_w i$，其中假设孔隙水隔离体的面积与土柱面积一致。而 PFC 流固耦合算法会遍历所有的孔隙空间形成流体域网络，如图 5 – 11 所示，流体域充斥的横截面积和岩样基本一致，渗流过程中颗粒仅受到水压力和摩擦力组成的体积力作用，颗粒间的接触黏结不传递孔隙水施加的法向水压力作用，模拟过程中没有第 2 章分析的面力作用，其毕奥特有效应力系数可视为 1，所以本书采用饱和土样渗流力的定义式验证改进的流固耦合算法。

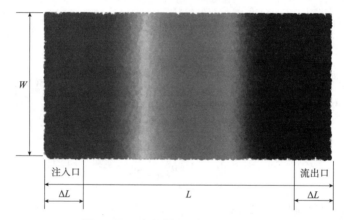

**图 5 – 11 渗流力验证数值模拟结果**

为了验证流体在渗流过程中对岩石颗粒施加的渗流力作用，仿照 5.2.2 节达西渗流实验，建立长为 $L$，宽为 $W$ 的岩心模型（图 5 – 11），从左端注入口注入流体进行恒压驱替，模拟流体稳态渗流过程。按照饱和土样渗流力的定义式，在稳态渗流段，颗粒所受的渗流力之和为：

$$j_{\text{Total}} = \frac{\Delta p}{L - 2\Delta L} V_{\text{Total}} = \frac{\Delta p}{L - 2\Delta L}(L - 2\Delta L) \cdot W \qquad (5 - 22)$$

式中 $\Delta p$——岩心两端的压差；

$\Delta L$——设定的注入口和流出口的长度；

$V_{\text{Total}}$——稳态渗流段的总体积。

通过编写 Fish 函数文件，本书监测了渗流过程中整个渗流段颗粒的受力变化，待注入口和流出口的流量稳定以后，计算稳态渗流段的所有颗粒受力之和，将传统算法和改进算法模拟得到的结果与式(5-22)土力学渗流力定义式计算的结果进行对比，如图5-12所示。

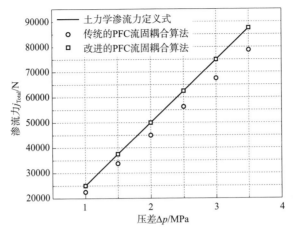

**图5-12　渗流力验证对比结果**

($L=0.05$，$W=0.025\mathrm{m}$，$\Delta L=0.01\mathrm{m}$)

从图5-12对比结果可以看出，随着岩心两端压差线性增大，土力学定义式计算的渗流力结果和PFC流固耦合算法得到的渗流力结果都线性增加，两者变化趋势一致，PFC流固耦合算法完全可以用来模拟流体渗流过程中渗流力对岩石的作用。本书对流固耦合算法改进后，渗流力模拟结果和土力学定义式基本一致，各点数值之间的相对误差小于0.1%，从而验证了改进算法在模拟渗流力对岩石颗粒作用时的准确性。

### 5.3.2.2　渗流力作用形成的应力场验证

为了进一步验证改进的流固耦合算法，本书将第4章推导的应力场瞬态差分解与PFC模拟得到的瞬态渗流力作用形成的应力场结果进行了对比分析。首先建立如图5-13所示的颗粒粒径大小均一，颗粒完全规则排列的岩样，通过规则排列颗粒可以避免预压过程中由于不平衡力造成的局部颗粒应力集中以及应力场分布突变的现象，从而最大限度地契合有限差分连续体数值分析方法的模拟结果。然后进一步利用平行黏结模型连接颗粒组装岩样，岩样胶结后仿照5.2.1节的岩石力学实验测量岩石的宏观力学参数，利用5.2.2节的达西渗流实验标定岩样渗透率，为后续利用第4章瞬态差分解模拟渗流力作用形成的应力场提供宏观参数。

岩样细观参数的设定以及宏观力学参数与渗透率值如表5-1所示，其中泊松比为0是因为将颗粒设定为理想的正方形规则排列方式，在这种情况下进行岩石单轴压缩实验，岩样只会产生轴向应变，其横向应变始终为零，岩石并不能产生单轴压缩破坏。

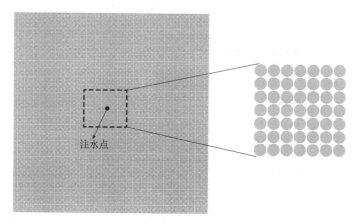

**图 5 - 13　颗粒大小均一、规则排列的岩样模型**

表 5 - 1　模型细观参数的标定结果与宏观力学性质

| 类　别 | 参数值 |
| --- | --- |
| 岩样尺寸 | $0.48\text{m} \times 0.48\text{m}$ |
| 颗粒粒径 | $0.0016\text{m}$ |
| 刚度比（kratio） | 1.6 |
| 接触黏结的内聚力（pb - coh） | 25.0MPa |
| 接触黏结的拉伸强度（pb - ten） | 13.0MPa |
| 有效模量（emod） | 15.25GPa |
| 注入流量 $Q$ | $5.0 \times 10^{-5} \text{m}^3/\text{s}$ |
| 杨氏模量 $E$ | 29.5GPa |
| 泊松比 $\nu$ | 0 |
| 岩石抗拉强度 $\sigma_t$ | 13.0MPa |
| 岩石孔隙度 $\phi$ | 0.21 |
| 岩石渗透率 $K$ | 1.0mD |

　　岩样模型建立好以后，利用改进的流固耦合算法编写脚本书件，选择岩样的中心点为注水点，进行恒定流量情况下岩样的流固耦合模拟。模拟过程中利用 PFC 测量圆函数编写脚本书件，对整个岩样的应力和孔隙压力进行实时监测，待模拟结束后，将模拟结果输出为文本书件，利用绘图软件绘制成伪彩图。而渗流力作用形成的应力场瞬态差分解则直接利用本书第 4 章的结果进行模拟，其模型参数的设定和 PFC 标定的结果一致，最终应力场和孔隙压力场对比分析结果如图 5 - 14 和图 5 - 15 所示。

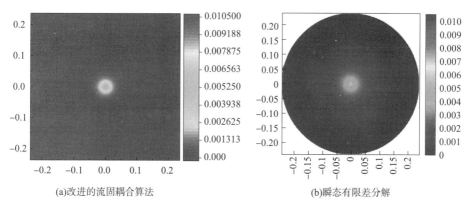

(a)改进的流固耦合算法                     (b)瞬态有限差分解

**图 5－14　孔隙压力场模拟结果**

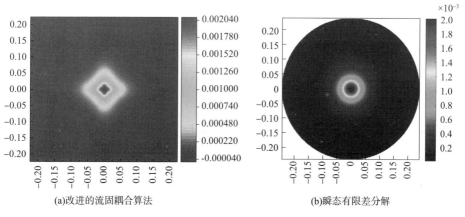

(a)改进的流固耦合算法                     (b)瞬态有限差分解

**图 5－15　渗流力作用形成的周向应力场模拟结果**

　　从图 5－14 和图 5－15 对比结果可以看出，改进的流固耦合算法和此前推导的瞬态差分解模拟得到的孔隙压力场和渗流力作用形成的周向应力场结果基本一致，数值范围基本相当，各点数值之间的相对误差小于 5%。周向应力场分布形状的偏差主要是因为布置测量圆时是按照正方形规则方式进行排列，而第 4 章瞬态差分解模拟时是在极坐标系下进行网格划分，最终导致伪彩图等高线形状有所差异，但由于数值之间相对误差很小，所以这种偏差可以忽略。整体对比结果表明，改进的 PFC 流固耦合算法可以用来准确模拟渗流力作用形成的有效应力场。

# 第6章 渗流力作用下水力裂缝扩展机理

本章将在上一章研究的基础上，利用颗粒流方法结合改进的流固耦合算法建立水力压裂裂缝扩展模型，以砂岩储层为研究对象，分析渗流力作用对均质储层水力裂缝扩展的影响机理，揭示渗流力作用下非均质储层水力裂缝的扩展规律。

## 6.1 渗流力作用对均质储层水力裂缝扩展规律影响

### 6.1.1 均质储层水力压裂裂缝扩展模型

此前已有许多有关离散元的数值模拟研究利用线性分布的粒径级配建立均质砂岩储层模型，采用线性分布的粒径级配可以尽可能保证储层岩石颗粒分布相对均匀，在预压过程中使得岩样快速处于平衡状态。如图 6 - 1 所示，本书同样建立颗粒粒径级配线性分布的砂岩岩样模型模拟均质储层水力压裂过程，其接触黏结采用平行黏结模型。为了尽可能地真实模拟水力压裂过程，建立模型时删除了储层正中间圆形区域内的颗粒，并用粒径大小相等的颗粒组成井筒，保证模型边缘和钻孔表面的平滑，从而避免由于模型几何形状所造成的不必要的应力集中现象。此外，受离散元颗粒流方法计算效率的影响，本书水力压裂岩样数值模型的尺寸并没有设置得很大，否则岩石颗粒数量会以百万计，计算效率会大幅受限。

此前 Gil 等针对砂岩储层岩石已经进行了室内力学实验和离散元数值模拟的对比研究，根据 Gil 等关于砂岩储层岩石细观参数标定的研究结果，本书建立好模型以后，利用 5.2 节编写的岩石力学实验和达西渗流实验模拟程序对模型的细观参数进行了标定，从而模拟均质砂岩储层的岩石特征，模型最终具体参数设置和宏观力学参数的标定结果如表 6 - 1 所示。建立均质砂岩储层模型以后，利用改进的流固耦合算法编写水力压裂裂缝扩展模拟程序，在井筒处恒定流量注入压裂液，分析不同压裂液黏度和排量下渗流力作用对均质储层水力裂缝扩展规律的影响。

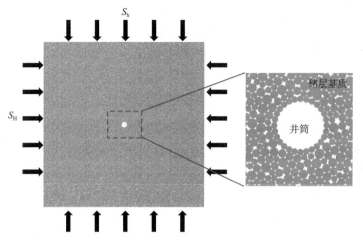

**图 6 - 1 均质砂岩储层水力压裂裂缝扩展模型**

($S_H$ 为最大水平主应力；$S_h$ 为最小水平主应力)

表 6 - 1 均质砂岩储层模型参数设置与宏观力学参数标定结果

| 类　别 | 参数值 |
|---|---|
| 岩样尺寸 | $0.25m \times 0.25m$ |
| 颗粒粒径 $r_{max}$，$r_{min}$ | 0.00096m，0.0006m |
| 颗粒数量 | 30186 |
| 刚度比(kratio) | 1.6 |
| 接触黏结的内聚力(pb - coh) | 30.0MPa |
| 接触黏结的拉伸强度(pb - ten) | 12.0MPa |
| 有效模量(emod) | 32.0GPa |
| 杨氏模量 $E$ | 42.72GPa |
| 泊松比 $\nu$ | 0.20 |
| 岩石抗拉强度 $\sigma_t$ | 8.76MPa |
| 岩石抗压强度 | 50.67MPa |
| 岩石孔隙度 $\phi$ | 0.15 |
| $S_H$，$S_h$ | 20MPa，10MPa |

## 6.1.2　不同黏度下的对比

流体渗流进入储层过程中，渗流力对岩石颗粒的作用可能受岩石渗透率、流体黏度和井筒注入排量的影响，因此通过本书 5.2 节达西渗流模拟实验标定的渗透率结果，本节分析了 2mD、20mD、200mD 三种不同渗透率均质砂岩储层在相同排量(2.5×10⁻³m³/s)，不同流体黏度条件下的水力压裂裂缝扩展过程，并以不可渗透储层无渗流力作用的裂缝扩展模拟结果为基准组对比分析渗流力的作用。

图 6-2、图 6-3 和图 6-4 是三种不同渗透率储层在相同排量、相同时间步长，不同压裂液黏度下水力裂缝的扩展结果，从图中可以看出裂缝扩展结果比较符合实际压裂情况，裂缝的迂曲度略有区别，但整体看水力裂缝都是沿着平行于最大水平主应力的方向进行扩展。相比较基准组——储层不可渗透情况，压裂液渗流进入储层都会使得裂缝长度变短。对于同一渗透率储层，压裂液黏度越小，渗流作用越强时，水力裂缝的长度越短。对于 20mD 和 200mD 渗透率较高的砂岩储层，压裂液黏度较小时(1mPa·s)，流体大量渗流进入储层，甚至不能在井筒憋压形成裂缝。

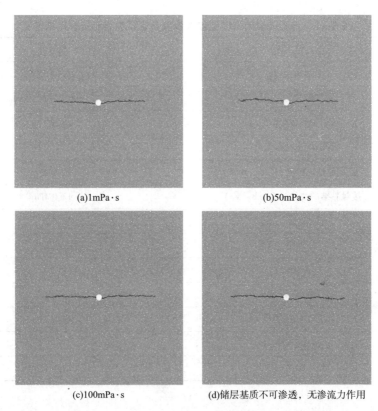

(a)1mPa·s      (b)50mPa·s

(c)100mPa·s      (d)储层基质不可渗透，无渗流力作用

**图 6-2　渗透率 2mD 储层相同排量、不同压裂液黏度下裂缝扩展结果**

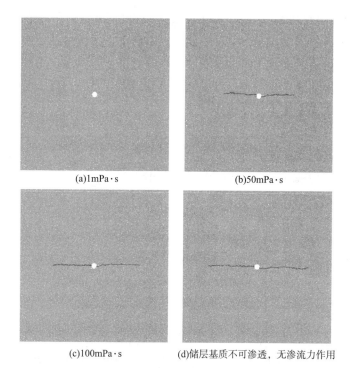

(a)1mPa·s　　　　　　　　　(b)50mPa·s

(c)100mPa·s　　　　(d)储层基质不可渗透，无渗流力作用

**图 6－3　渗透率 20mD 储层相同排量、不同压裂液黏度下裂缝扩展结果**

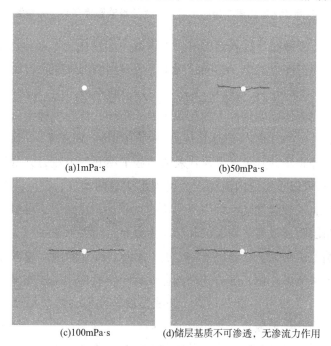

(a)1mPa·s　　　　　　　　　(b)50mPa·s

(c)100mPa·s　　　　(d)储层基质不可渗透，无渗流力作用

**图 6－4　渗透率 200mD 储层相同排量、不同压裂液黏度下裂缝扩展结果**

进一步从颗粒接触黏结断裂形成的裂缝数量(图 6 - 5)可以看出：随着压裂液黏度的增大，相同时间步下三种不同渗透率储层裂缝数量都呈现出非线性增大的趋势，当压裂液黏度减小时高渗储层的裂缝数量急剧下降；高渗储层需要黏度更大的压裂液减弱渗流作用才能压出和低渗储层一样长的裂缝，而低渗储层在较小压裂液黏度下即可压出长裂缝。

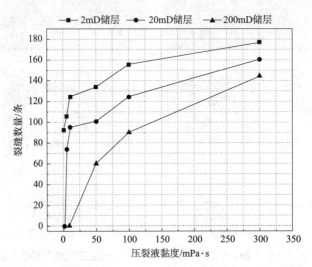

**图 6 - 5　不同渗透率储层在相同排量、不同压裂液黏度条件下裂缝数量对比图**

为了研究压裂液渗流进入储层过程中渗流力的作用，本书分析了 20mD 渗透率的储层在裂缝扩展过程中，相同时间步下裂缝周围的孔隙压力场和颗粒所受的渗流力场，结果如图 6 - 6 和图 6 - 7 所示。其中图 6 - 6 所示为 20mD 储层在相同时间步长、不同流体黏度条件下的孔隙压力分布场，其中色标卡尺的值代表无量纲孔隙压力 $P_d$，$P_d = 0.2 \times ($流体域压力/井筒压力$)$；而图 6 - 7 为对应的颗粒所受到的渗流力分布场，其色标卡尺代表流体施加给颗粒渗流力矢量的模。

从图 6 - 6 可以看出缝内流体压力呈现出明显的梯度，井筒附近缝内流体压力最大，随着靠近裂缝尖端，缝内压力快速衰减；相比储层不可渗透的情况，流体渗流进入储层明显改变了储层的孔隙压力分布，压裂液黏度越小，裂缝周围孔隙压力场影响范围越大。结合图 6 - 7 可以看出，当流体渗流进入储层时，流体施加给颗粒的渗流力作用，随着压裂液黏度变小，其作用范围在显著增大，但主裂缝附近颗粒所受的力在减小。当压裂液黏度较小时，虽然渗流力作用范围较广，但缝内压力的耗散较大，主裂缝周围颗粒所受的流体作用力变弱，导致裂缝尖端颗粒间接触黏结拉伸断裂所需的法向力不足，裂缝长度变短。

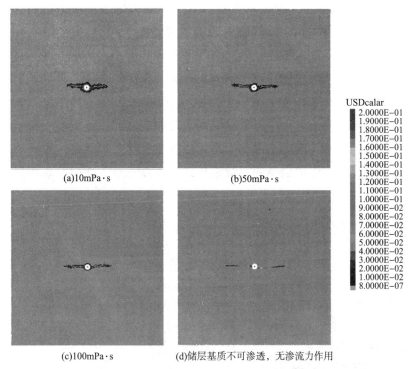

(a)10mPa·s        (b)50mPa·s

USDcalar

2.0000E−01
1.9000E−01
1.8000E−01
1.7000E−01
1.6000E−01
1.5000E−01
1.4000E−01
1.3000E−01
1.2000E−01
1.1000E−01
1.0000E−01
9.0000E−02
8.0000E−02
7.0000E−02
6.0000E−02
5.0000E−02
4.0000E−02
3.0000E−02
2.0000E−02
1.0000E−02
8.0000E−07

(c)100mPa·s      (d)储层基质不可渗透，无渗流力作用

**图 6－6　20mD 渗透率储层不同黏度、相同时间步长条件下孔隙压力分布图**

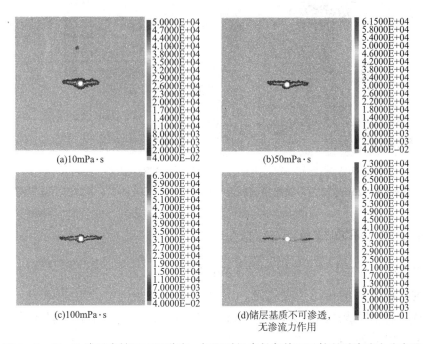

(a)10mPa·s

5.0000E+04
4.7000E+04
4.4000E+04
4.1000E+04
3.8000E+04
3.5000E+04
3.2000E+04
2.9000E+04
2.6000E+04
2.3000E+04
2.0000E+04
1.7000E+04
1.4000E+04
1.1000E+04
8.0000E+03
5.0000E+03
2.0000E+03
4.0000E−02

(b)50mPa·s

6.1500E+04
5.8000E+04
5.4000E+04
5.0000E+04
4.6000E+04
4.2000E+04
3.8000E+04
3.4000E+04
3.0000E+04
2.6000E+04
2.2000E+04
1.8000E+04
1.4000E+04
1.0000E+04
6.0000E+03
2.0000E+03
4.0000E−02

(c)100mPa·s

6.3000E+04
5.9000E+04
5.5000E+04
5.1000E+04
4.7000E+04
4.3000E+04
3.9000E+04
3.5000E+04
3.1000E+04
2.7000E+04
2.3000E+04
1.9000E+04
1.5000E+04
1.1000E+04
7.0000E+03
4.0000E−02

(d)储层基质不可渗透，
无渗流力作用

7.3000E+04
6.9000E+04
6.5000E+04
6.1000E+04
5.7000E+04
5.3000E+04
4.9000E+04
4.5000E+04
4.1000E+04
3.7000E+04
3.3000E+04
2.9000E+04
2.5000E+04
2.1000E+04
1.7000E+04
1.3000E+04
9.0000E+03
5.0000E+03
1.0000E+03
1.0000E−01

**图 6－7　20mD 渗透率储层不同黏度、相同时间步长条件下颗粒所受渗流力分布图**

图6-8是利用测量圆监测的数值绘制的 $y$ 轴方向诱导应力场伪彩图，不同于本书5.4.2节规则颗粒监测的应力场结果，图6-8应力分量的等值线并不均匀，这主要是因为本节建立的储层模型其颗粒大小不均一，并不是严格意义上的完全均质体，但整体并不影响分析渗流力作用对诱导应力场的影响。从图6-8储层 $y$ 方向(最小水平主应力方向)诱导应力分量分布图可以看出，流体渗流进入储层，渗流力作用下裂缝尖端附近的应力阴影区域显然要小于不可渗透的储层。压裂液黏度越小渗流力作用范围越大时，裂缝尖端附近拉应力集中区域却越小，拉伸作用也越弱，最终导致流体渗流进入储层时水力裂缝长度变短。

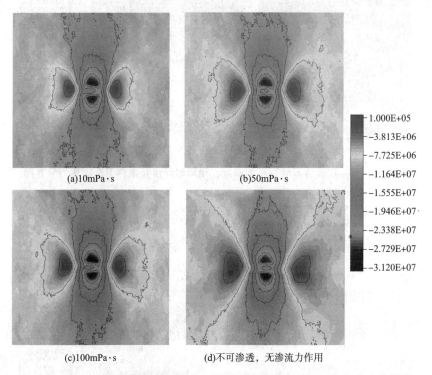

(a)10mPa·s                 (b)50mPa·s

- 1.000E+05
- -3.813E+06
- -7.725E+06
- -1.164E+07
- -1.555E+07
- -1.946E+07
- -2.338E+07
- -2.729E+07
- -3.120E+07

(c)100mPa·s          (d)不可渗透，无渗流力作用

**图6-8　20mD渗透率储层不同黏度、相同时间步长条件下 $y$ 方向应力分量图**

### 6.1.3　不同排量下的对比

水力压裂过程中，压裂液排量的大小以及加压的方式可能会对流体渗流进入储层过程渗流力的作用产生影响，本节在上一节基础上分析了2mD、20mD、200mD三种不同渗透率储层在相同流体黏度(10mPa·s)、不同压裂液排量条件下的水力压裂裂缝扩展过程。

图 6－9、图 6－10 和图 6－11 是三种不同渗透率储层在相同压裂液黏度、相同时间步长，不同压裂液排量下水力裂缝的扩展结果，从图中可以看出裂缝形态整体主要是沿着平行于最大水平主应力的方向扩展；而从局部放大图可以看出，随着压裂液排量的增大，渗流力作用下井筒附近会激发出少量的次生裂缝和分支裂缝。相同压裂液黏度和时间步条件下，不同储层的裂缝长度都随着压裂液的排量增大而增大，低渗储层较小的排量即可形成较长的裂缝，而高渗储层需要数倍于低渗储层的排量才能形成长裂缝。若利用排量控制水力压裂的裂缝长度，则高渗储层的施工难度和套变风险可能都要大于低渗储层。

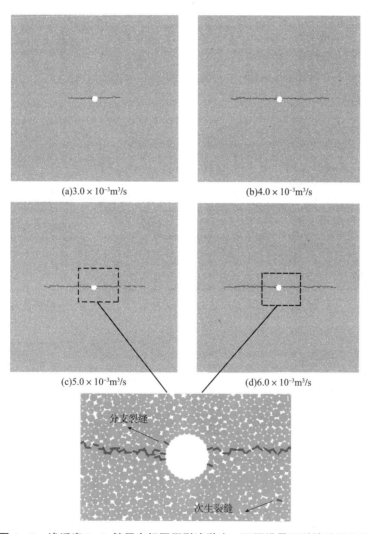

(a)$3.0 \times 10^{-3} m^3/s$ (b)$4.0 \times 10^{-3} m^3/s$

(c)$5.0 \times 10^{-3} m^3/s$ (d)$6.0 \times 10^{-3} m^3/s$

分支裂缝

次生裂缝

**图 6－9　渗透率 2mD 储层在相同压裂液黏度、不同排量下裂缝扩展结果**

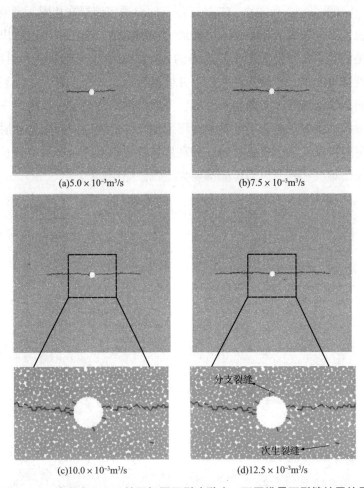

(a)$5.0 \times 10^{-3} \mathrm{m}^3/\mathrm{s}$　　　　　　　　　　　(b)$7.5 \times 10^{-3} \mathrm{m}^3/\mathrm{s}$

分支裂缝

次生裂缝

(c)$10.0 \times 10^{-3} \mathrm{m}^3/\mathrm{s}$　　　　　　　　　　　(d)$12.5 \times 10^{-3} \mathrm{m}^3/\mathrm{s}$

图6-10　渗透率20mD储层相同压裂液黏度、不同排量下裂缝扩展结果

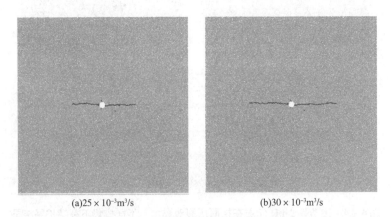

(a)$25 \times 10^{-3} \mathrm{m}^3/\mathrm{s}$　　　　　　　　　　　(b)$30 \times 10^{-3} \mathrm{m}^3/\mathrm{s}$

图6-11　渗透率200mD储层相同压裂液黏度、不同排量下裂缝扩展结果

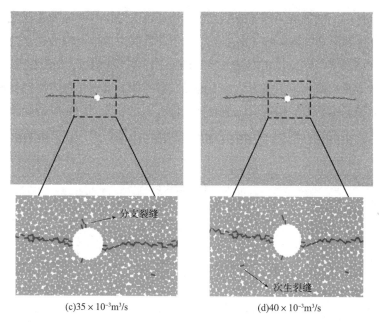

(c)35 × 10⁻³m³/s                    (d)40 × 10⁻³m³/s

**图 6 – 11    渗透率 200mD 储层相同压裂液黏度、不同排量下裂缝扩展结果(续)**

图 6 – 12 是 20mD 渗透率储层在不同压裂液排量,相同压裂液黏度和时间步长条件下的孔隙压力分布图。从图 6 – 12 可以看出,随着压裂液排量的增大,流

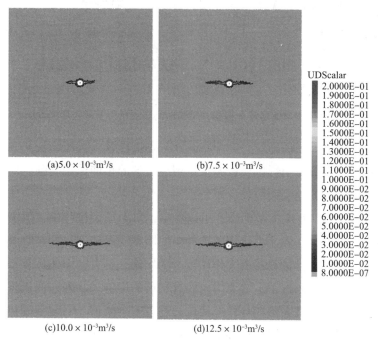

(a)5.0 × 10⁻³m³/s                    (b)7.5 × 10⁻³m³/s

(c)10.0 × 10⁻³m³/s                   (d)12.5 × 10⁻³m³/s

**图 6 – 12    20mD 渗透率储层不同排量、相同时间步长条件下孔隙压力分布图**

体渗流进入储层，主裂缝周围孔隙压力场的作用范围并没有明显发生变化。相比本书6.1.2节压裂液黏度的影响，定排量压裂条件下压裂液排量增大似乎并不能显著改变流体在储层中的渗流作用。进一步从图6-13颗粒所受的渗流力场可以看出，随着压裂液排量的增大，渗流力的作用范围并没有明显增大，裂缝周围受渗流力影响的主要区域基本一致；但随着压裂液排量增大，主裂缝周围颗粒所受流体作用力会逐渐增大，这就导致颗粒间接触黏结受力断裂的可能性增大，裂缝长度变长。

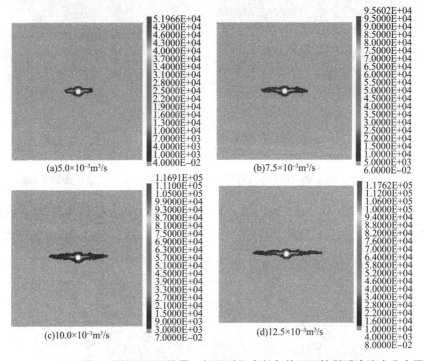

图6-13　20mD渗透率储层不同排量、相同时间步长条件下颗粒所受渗流力分布图

从$y$方向裂缝周围诱导应力场分布图6-14可以看出，压裂液排量越大，裂缝尖端附近的诱导应力阴影区域也越大，裂缝尖端的拉伸作用越强，所以最终导致压裂液排量更大的储层裂缝长度越长。

综合6.1.2节和6.1.3节的内容可以看出，水力压裂过程中，压裂液黏度是控制流体渗流进入储层渗流力作用范围的主要因素，压裂液黏度越小，渗流力作用范围越大；而施工排量对渗流作用范围的影响并不大，因此后续章节将重点研究不同压裂液黏度条件下，渗流力对裂缝扩展的影响。此外在油田现场水力压裂施工过程中，排量过大可能导致井筒压力超过安全阀值，引起套变风险。因此对于较高渗透率的储层，采用压裂液黏度控制渗流作用和裂缝长度可能要优于排量控制。

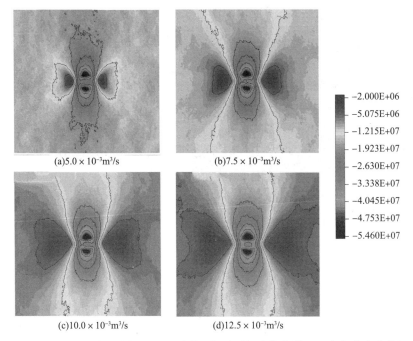

|  |  |
|---|---|
| | −2.000E+06 |
| | −5.075E+06 |
| | −1.215E+07 |
| | −1.923E+07 |
| | −2.630E+07 |
| | −3.338E+07 |
| | −4.045E+07 |
| | −4.753E+07 |
| | −5.460E+07 |

(a)5.0 × 10⁻³m³/s      (b)7.5 × 10⁻³m³/s

(c)10.0 × 10⁻³m³/s      (d)12.5 × 10⁻³m³/s

图 6 – 14　20mD 渗透率储层不同排量、相同时间步长条件下 $y$ 方向应力分量图

## 6.2　渗流力作用对非均质储层水力裂缝扩展规律影响

### 6.2.1　非均质储层水力压裂裂缝扩展模型

上一节，已经分析了均质砂岩储层在渗流力作用下的裂缝扩展过程，本节将在上一节建立的砂岩模型基础上，独立分析非均质胶结强度和非均质渗透率条件下水力裂缝的扩展过程。图 6 – 15 所示的为本书建立的非均质胶结强度储层水力压裂裂缝扩展模型，其中模型上部是接触黏结拉伸强度较大的强胶结储层一侧，下部是接触黏结拉伸强度较小的弱胶结储层一侧。由于储层水平方向胶结强度的非均质性一般小于垂直方向的非均质性，而本书建立的模型是二维平面模型，因此根据蒋明镜等关于岩石颗粒接触特性的研究结果，本书最终设置岩石两侧颗粒间接触黏结拉伸强度差异不是很大，分别为 12MPa 和 9MPa。此外在井筒附近设置了一圈胶结强度较大，接触黏结拉伸强度等于 15MPa 的圆环，从而避免裂缝从井筒直接重新定向影响最终水力裂缝扩展结果的分析。

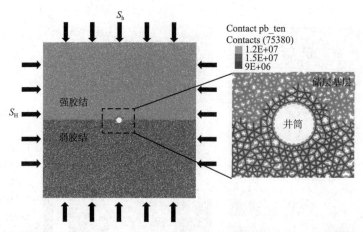

图 6 – 15　非均质胶结储层水力压裂裂缝扩展模型（利用接触黏结 pb – ten 参数控制胶结强度）

　　在压实作用下，储层岩石颗粒的胶结程度会影响岩石渗透率的大小，压实作用越强，胶结程度越强，储层的渗透率一般越小。虽然岩石渗透率和储层的胶结强度息息相关，但为了独立分析这两个因素对水力裂缝扩展轨迹的影响，本书分别独立分析了非均质胶结强度和岩石渗透率条件下水力裂缝的扩展过程。图 6 – 16 为非均质渗透率条件下水力裂缝扩展模型，利用编写的 dom1 脚本书件在生成流体域网络时控制其流动通道开度的大小，从而在上部生成开度较大的高渗流体域网络，下部生成开度较小的低渗流体域网络，开度的具体大小通过 5.2 节的达西渗流实验进行标定，此外设置井筒附近的渗透率均质，避免裂缝直接从井筒重新定向影响最终的判断。表 6 – 2 是上述两个模型的非均质控制参数，其余细观参数的设置同表 6 – 1 一致。

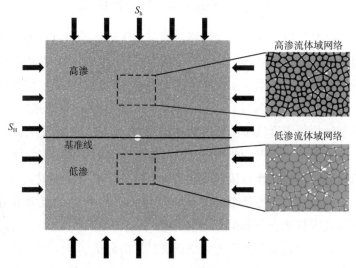

图 6 – 16　非均质渗透率储层水力压裂裂缝扩展模型（利用流体域开度控制储层渗透率）

表6-2 影响模型非均质性的参数设定

| 类 别 | 参数值 |
|---|---|
| 强胶结接触黏结的拉伸强度(pb-ten) | $1.2 \times 10^7 \, \text{Pa}$ |
| 弱胶结接触黏结的拉伸强度(pb-ten) | $9.0 \times 10^6 \, \text{Pa}$ |
| 井筒附近接触黏结的拉伸强度(pb-ten) | $1.5 \times 10^7 \, \text{Pa}$ |
| 高渗流动通道开度 | $(r_{max} + r_{min}) \times 0.01 \, \text{m}$ |
| 低渗流动通道开度 | $(r_{max} + r_{min}) \times 0.001 \, \text{m}$ |
| 井筒附近流动通道开度 | $(r_{max} + r_{min}) \times 0.0005 \, \text{m}$ |

## 6.2.2 非均质胶结储层条件下水力裂缝扩展规律

利用6.2.1节建立的非均质胶结强度储层模型，本节分析了不同地应力和不同压裂液黏度条件下水力裂缝的扩展规律，并以不可渗透储层裂缝扩展结果为基准对比组分析渗流力的作用，如图6-17~图6-20所示，其中白色线条代表裂缝，上部为强胶结储层一侧，下部为弱胶结储层一侧，利用局部放大图着重显示裂缝扩展轨迹的特征。

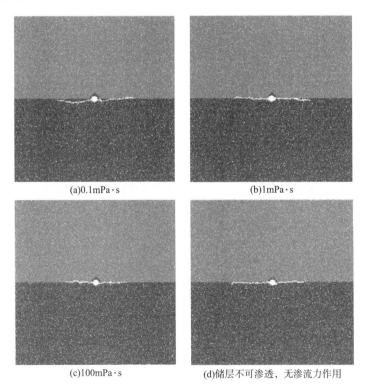

(a)0.1mPa·s

(b)1mPa·s

(c)100mPa·s

(d)储层不可渗透，无渗流力作用

图6-17 非均质胶结储层不同压裂液黏度条件下裂缝扩展结果

(两向应力差10MPa)

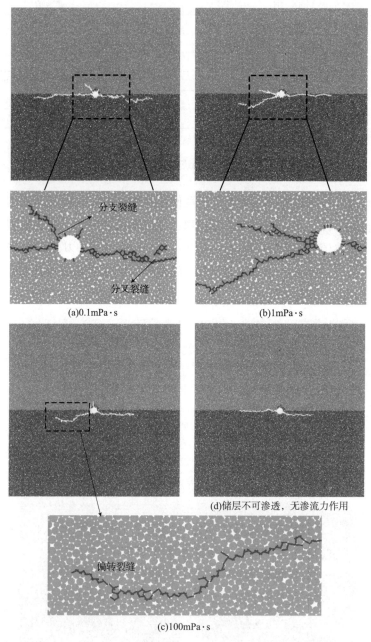

(a)0.1mPa·s            (b)1mPa·s

(d)储层不可渗透，无渗流力作用

(c)100mPa·s

图 6-18　非均质胶结储层不同压裂液黏度条件下裂缝扩展结果
（两向应力差 5MPa）

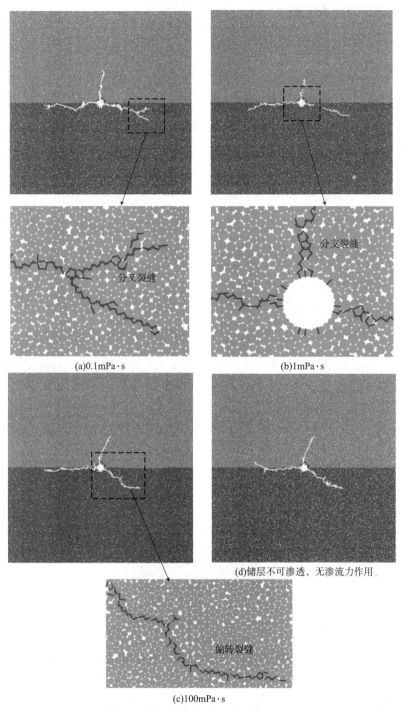

(a)0.1mPa·s 分叉裂缝

(b)1mPa·s 分支裂缝

(d)储层不可渗透，无渗流力作用

(c)100mPa·s 偏转裂缝

图 6 - 19    非均质胶结储层不同压裂液黏度条件下裂缝扩展结果

（两向应力差2MPa）

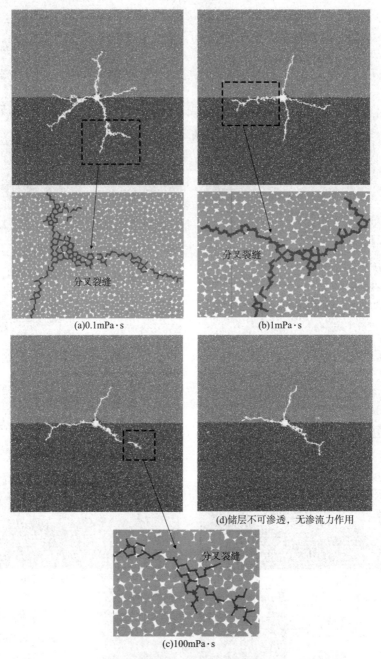

(a)0.1mPa·s    (b)1mPa·s

(d)储层不可渗透,无渗流力作用

(c)100mPa·s

**图6-20　非均质胶结储层不同压裂液黏度条件下裂缝扩展结果**
（两向应力差0MPa）

　　从图 6-17~图 6-20 的裂缝扩展结果可以看出：当两向应力差较大
（10MPa）时，岩石胶结强度的非均质性对裂缝扩展结果影响不是很大，不同压裂
液黏度条件下水力裂缝基本都沿着平行于最大水平主应力的方向进行扩展，

0.1mPa·s 低压裂液黏度条件下，水力裂缝向弱胶结一侧稍有偏转。随着两向应力差减小至 5MPa，不可渗透储层不考虑渗流力条件下，裂缝也开始出现向弱胶结一侧偏转的迹象；当压裂液渗流进入储层时，渗流力作用使得裂缝向弱胶结一侧偏转的迹象增大；随着压裂液黏度的降低，井筒周围出现了分支裂缝，而 0.1mPa·s 低压裂液黏度条件下主裂缝壁面周围甚至激发出了较短的分叉裂缝。当两向应力差减小至 2MPa，或者两向应力相等时，水力裂缝向弱胶结一侧偏转的迹象明显增大，从井筒开始压出了数条分支裂缝；压裂液黏度越小渗流力作用范围越大时，水力裂缝越趋于向弱胶结储层一侧进行偏转，而且同步在裂缝尖端开启了较长的分叉裂缝，在主裂缝壁面周围也形成了更多较短的分叉裂缝。压裂液渗流进入储层时，渗流力作用越强弱胶结储层一侧形成的裂缝网络形态越复杂。

在图 6 – 18 裂缝扩展结果的基础上，以两向应力差 5MPa 为例进一步分析了裂缝周围 $y$ 方向诱导应力的分布，结果如图 6 – 21 所示。可以看出，裂缝尖端附近基准线下方深色应力阴影区域较上方大，弱胶结储层一侧的拉伸作用更强，因此可能导致水力裂缝向弱胶结一侧偏转；而且压裂液黏度越小，渗流力作用范围越大时，裂缝附近弱胶结一侧的应力阴影区域越大，越有可能使得接触黏结发生破坏，从而产生分叉裂缝，形成复杂的裂缝网络。

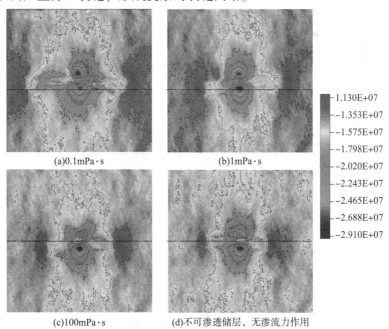

(a)0.1mPa·s  (b)1mPa·s

(c)100mPa·s  (d)不可渗透储层，无渗流力作用

| 1.130E+07 |
| -1.353E+07 |
| -1.575E+07 |
| -1.798E+07 |
| -2.020E+07 |
| -2.243E+07 |
| -2.465E+07 |
| -2.688E+07 |
| -2.910E+07 |

**图 6 – 21  非均质胶结储层不同压裂液黏度条件下 $y$ 方向应力分量图**

（两向应力差 5MPa）

### 6.2.3　非均质渗透率储层条件下水力裂缝扩展规律

此前 Bruno 和 Nakagawa 对非均匀孔隙压力场下水力压裂裂缝扩展轨迹进行了研究，如图 6-22 所示，该研究通过在岩样中预设注水孔，通过对注水孔的注水控制实现了水力裂缝扩展过程中主裂缝两侧储层非均匀孔隙压力场的模拟，其中左侧注水孔进行恒定压力注水，模拟高孔隙压力梯度场，而右侧注水孔保持大气压条件。从实验结果可以看出，在注水孔压力梯度未波及的区域水力裂缝基本成直线方式扩展，而在注水孔压力梯度波及范围内水力裂缝向高孔隙压力梯度一侧产生明显的偏转迹象，水力裂缝形态呈现曲线型。

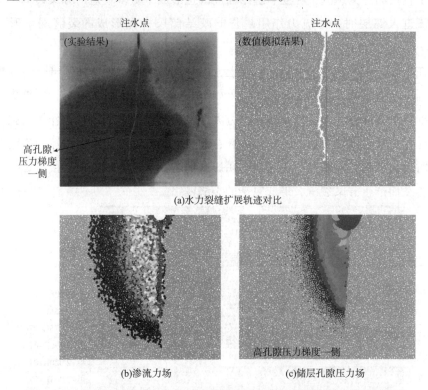

注水点　　　　　　　　　　　　注水点

(实验结果)　　　　　　　　　　(数值模拟结果)

高孔隙
压力梯度
一侧

(a)水力裂缝扩展轨迹对比

高孔隙压力梯度一侧

(b)渗流力场　　　　　　　　　　(c)储层孔隙压力场

**图 6-22　非均匀孔隙压力场下水力裂缝扩展数值模拟结果与实验结果对比**

利用 6.2.1 节建立的非均质渗透率模型，本书利用渗透率的控制同样模拟分析了非均匀孔隙压力场下水力裂缝的扩展规律，如图 6-22 数值模拟结果所示，其中基准线左侧为高渗储层，而基准线右侧储层设置为不可渗透状态，从注水点处以定压力方式注水进行水力压裂裂缝扩展模拟。从数值模拟结果可以看出，井筒注水过程中高渗储层一侧产生了明显的孔隙压力梯度场，注水点周围孔隙压力场作用范围和孔隙压力梯度更大，对应的渗流力场也更强，随着远离注水点孔隙压力场作用范围和孔隙压力梯度逐渐减小，渗流力场也逐渐减弱；当水力裂缝从注水点起裂以后，裂缝向高孔隙压力梯度一侧发生了偏转，裂缝形态同样呈现出明显的曲线形状；随着远离注水点，由于孔隙压力梯度逐渐变小，渗流力逐渐减弱，导致水力裂缝逐渐恢复至直线方式扩展。

上述实验结果与数值模拟结果的对比已经验证了本书非均匀渗透率模型裂缝扩展结果的准确性，对比结果初步表明水力压裂过程中裂缝有可能向高孔隙压力梯度，渗流力更强的储层一侧偏转。基于此，本节在 6.2.1 节建立的非均质渗透率模型基础上，通过编写定排量水力压裂裂缝扩展模拟脚本书件，研究了不同地应力和压裂液黏度条件下，渗流力作用对非均质渗透率储层水力裂缝扩展结果的影响规律，模拟如图 6 – 23 所示，其中白色线条代表裂缝，为了方便对比裂缝的扩展轨迹，中间预设了基准线。

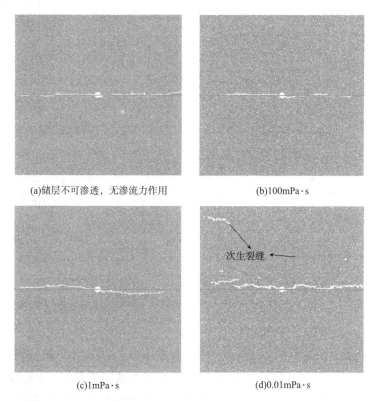

(a)储层不可渗透，无渗流力作用　　　　　　(b)100mPa·s

(c)1mPa·s　　　　　　(d)0.01mPa·s

**图 6 – 23　非均质渗透率储层不同压裂液黏度条件下裂缝扩展结果**
（两向应力差10MPa）

结合图 6 – 23 和图 6 – 24 可以看出：在不同地应力差条件下，储层不可渗透时，水力裂缝主要沿着平行于最大水平主应力的方向进行扩展，没有明显的偏转迹象；但是随着流体渗流进入储层，在渗流力的作用下，水力裂缝逐渐出现向高渗储层一侧偏转的迹象；两向应力差越小，压裂液黏度越小，渗流力作用范围越大时，水力裂缝向高渗储层一侧偏转的迹象越明显。当压裂液黏度等于0.01mPa·s时，由于高渗储层一侧的渗流力作用更强，孔隙压力梯度更大，所以颗粒间接触黏结更容易发生拉伸破坏，因此主裂缝偏转的过程中激发出不少的次生裂缝，形成了较为复杂的裂缝系统。

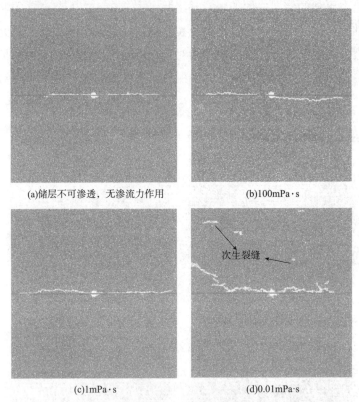

(a)储层不可渗透，无渗流力作用      (b)100mPa·s

(c)1mPa·s      (d)0.01mPa·s

图6-24　非均质渗透率储层不同压裂液黏度条件下裂缝扩展结果
（两向应力差5MPa）

进一步通过不考虑渗流力（图6-25）和考虑渗流力（图6-26）两种情况下水力裂缝的动态扩展过程可以看出，相比储层不可渗透不考虑渗流力的情况，流体渗流进入储层，渗流力作用下水力裂缝扩展在井筒周围就开始逐渐向高渗一侧进行偏转；随着主裂缝的扩展，流体渗流作用进一步增强，孔隙压力作用范围进一步增大，主裂缝周围高渗储层一侧同步激发出一些次生裂缝，伴随着主裂缝的延伸次生裂缝数量逐渐增多。

图6-27和图6-28是两向应力差为10MPa条件下，水力裂缝周围y方向诱

导应力在不同时间步下的分布云图，其中不可渗透储层为对照组。如图6-27所示，当时间步较小，考虑渗流力的储层还未出现次生裂缝时，相比不可渗透储层，压裂液渗流进入储层渗流力作用下，裂缝尖端附近基准线上方深色应力阴影区域较下方大，高渗储层一侧拉伸作用更强，因此导致流体渗流进入储层时，水力裂缝可能向高渗储层一侧偏转。此外，图6-27显示压裂液渗流进入储层时，高渗储层一侧，主裂缝周围分布着一些小范围的浅色区域，这些区域的拉伸作用较强并且已经逃逸出了主裂缝壁面上下两侧的压应力集中区，因此在裂缝扩展过程中受渗流力作用影响这些区域可能激发出拉伸破坏的次生裂缝。

如图6-28所示，当时间步较大，考虑渗流力的储层出现次生裂缝以后，相比不可渗透储层，考虑渗流力的储层应力场分布变得很不均匀；流体大量流入次生裂缝，使得主裂缝周围高渗储层一侧局部出现一些深色的应力阴影区域，在这些区域拉伸作用更强，容易使得次生裂缝继续延伸，最终形成复杂的裂缝网络系统。

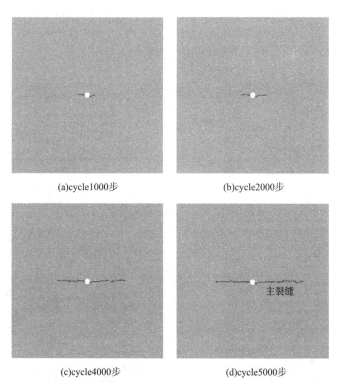

(a)cycle1000步  (b)cycle2000步

(c)cycle4000步  (d)cycle5000步

**图6-25 储层不可渗透不考虑渗流力情况下水力裂缝扩展过程**
（两向应力差10MPa）

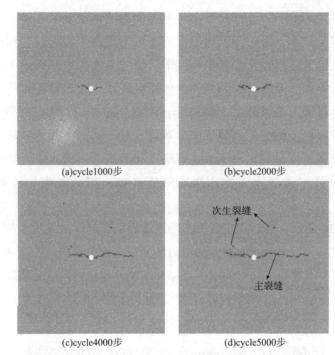

(a)cycle1000步　　　　　　　　　(b)cycle2000步

(c)cycle4000步　　　　　　　　　(d)cycle5000步

**图 6 – 26　储层可渗透考虑渗流力情况下水力裂缝扩展过程**

(两向应力差 10MPa，压裂液黏度 0.01mPa·s)

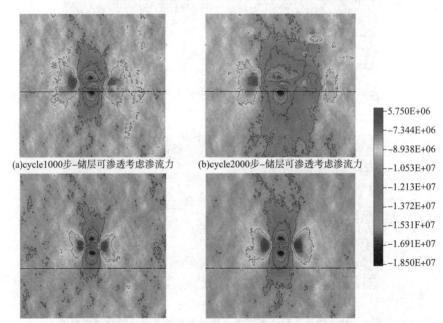

(a)cycle1000步–储层可渗透考虑渗流力　　　(b)cycle2000步–储层可渗透考虑渗流力

(c)cycle1000步–储层不可渗透不考虑渗流力　　(d)cycle2000步–储层不可渗透不考虑渗流力

**图 6 – 27　考虑渗流力与不考虑渗流力情况下裂缝周围 y 方向应力分量图**

(次生裂缝产生前，压裂液黏度 0.01mPa·s)

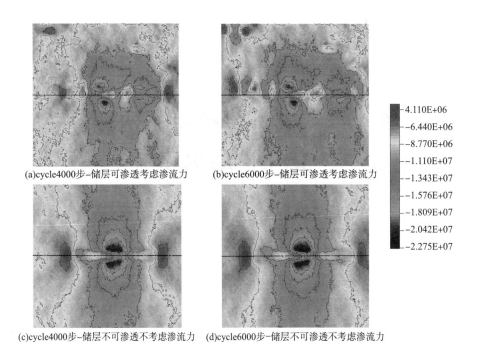

(a)cycle4000步–储层可渗透考虑渗流力  (b)cycle6000步–储层可渗透考虑渗流力

- 4.110E+06
- -6.440E+06
- -8.770E+06
- -1.110E+07
- -1.343E+07
- -1.576E+07
- -1.809E+07
- -2.042E+07
- -2.275E+07

(c)cycle4000步–储层不可渗透不考虑渗流力  (d)cycle6000步–储层不可渗透不考虑渗流力

**图 6 – 28  考虑渗流力与不考虑渗流力情况下裂缝周围 y 方向应力分量图**

（次生裂缝产生后，压裂液黏度 0.01mPa·s）

# 第 7 章　水力裂缝与天然裂缝交互扩展规律

本章将在上一章的基础上，建立水力裂缝与天然裂缝交互扩展数值模拟模型，利用室内物理实验对模型的模拟结果进行验证，然后在此基础上分析总结不同倾角与胶结强度的倾斜缝、不同位置的水平缝条件下水力裂缝与天然裂缝的交互扩展规律，研究不同压裂液黏度条件下渗流力作用对水力裂缝与天然裂缝交互扩展规律的影响机理。

## 7.1　裂缝交互扩展数值模型建立与验证

### 7.1.1　数值模型建立

非常规储层的天然裂缝主要由石英、方解石等不同类型矿物充填胶结而成，厚度从数百微米到数毫米不等；天然裂缝中充填矿物的胶结强度大多都弱于储层基质的胶结强度，但也有一些天然裂缝胶结强度强于储层基质的情况。地质学通常将裂缝倾角为 0°~45°的天然裂缝定义为低角度天然裂缝，45°~90°的天然裂缝定义为高角度天然裂缝，国内外已有许多研究基于边界元、有限元等连续介质体的数值模拟方法分析了水力裂缝与不同倾角天然裂缝的交互扩展规律，但连续介质体数值模拟方法由于其自身局限性，往往无法考虑天然裂缝与储层基质胶结强度的差异性，这就可能导致模拟结果出现一定的偏差。PFC 颗粒流数值模拟方法将岩石离散为圆盘颗粒，颗粒之间通过接触黏结描述相互作用，通过对接触黏结细观参数的设定，颗粒流数值模拟方法可以实现储层基质与天然裂缝胶结强度的差异性模拟分析。基于此，本节基于颗粒流方法重点分析了渗流力作用下水力裂缝与不同胶结强度的天然裂缝的交互扩展规律。

Zhou 等此前通过在岩样中预置天然裂缝的方式，结合室内真三轴水力压裂实验模拟分析了不同水平地应力差、不同天然裂缝倾角和剪切强度条件下水力裂缝与天然裂缝的交互扩展规律。根据 Zhou 等室内实验研究所用的岩样参数，本书利用第 5 章介绍的平行黏结模型建立了如图 7-1 所示的预置了天然裂缝的水力压裂岩样数值模拟模型，其中岩样中央为井筒，左侧线条为预置的天然裂缝，在岩样周围 $x$ 方向施加最大水平主应力 $S_H$，$y$ 方向施加最小水平主应力 $S_h$。图 7-1 右侧为天然裂缝的局部放大图，其中灰色圆盘是岩石颗粒，中间线条是天然裂缝内部颗粒之间的接触黏结，其余线条是储层基质颗粒之间的接触黏结，通过调整平行黏结模型的细观参数 pb-ten 和 pb-coh 分别模拟天然裂缝与储层基质胶结拉伸强度和胶结剪切强度的差异性。

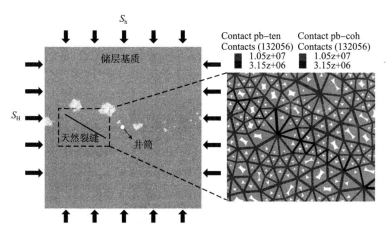

**图 7-1 预置天然裂缝的岩样数值模型**($S_H$ 为最大水平主应力；$S_h$ 为最小水平主应力)

根据 Zhou 等实验研究所用岩样的宏观参数测量结果，利用 5.2 节编写的岩石力学实验和达西渗流实验模拟程序对图 7-1 数值模型的细观参数进行了标定，模型最终具体参数设置与细观参数的标定结果如表 7-1 所示，而数值模型宏观参数与实验所用岩样真实参数的对比结果如表 7-2 所示。

**表 7-1 水力压裂岩样数值模型参数设置与细观参数标定结果**

| 类 别 | 参数值 |
| --- | --- |
| 岩样尺寸 | 0.3m × 0.3m |
| 颗粒粒径 $r_{max}$，$r_{min}$ | 0.00125m，0.000625m |
| 颗粒数量 | 48719 |
| 刚度比(kratio) | 2.0 |
| 储层基质接触黏结的内聚力(pb-coh) | 10.5MPa |
| 储层基质接触黏结的拉伸强度(pb-ten) | 10.5MPa |

| 类　别 | 参数值 |
|---|---|
| 储层基质的流动通道开度 | $(r_{max} + r_{min}) \times 0.0005 \text{m}$ |
| 有效模量 emod | 4.4GPa |
| 岩石孔隙度 $\phi$ | 0.185 |
| 天然裂缝中心点距离井筒轴距离 | 0.085m |

表7-2　模型宏观参数与实验所用岩样参数的对比

| 类　别 | 实验所用岩样 | 数值模型 |
|---|---|---|
| 杨氏模量 $E$ | 8.402GPa | 8.39GPa |
| 泊松比 $\nu$ | 0.23 | 0.22 |
| 岩石抗拉强度 $\sigma_t$ | — | 6.95MPa |
| 岩石抗压强度 | 28.34MPa | 28.36MPa |
| 岩石渗透率 | 0.1mD | 0.098mD |

## 7.1.2　数值模型验证

上一节已经根据 Zhou 等实验研究所用的岩样参数建立好了水力压裂岩样数值模拟模型，在该模型基础上利用改进的流固耦合算法编写水力压裂裂缝扩展模拟程序，在井筒处恒定流量注入压裂液，即可模拟水力裂缝与天然裂缝的交互扩展过程。本节根据 Zhou 等实验研究所用的压裂参数，设置裂缝扩展数值模型的最大最小水平主应力、压裂液黏度、压裂液排量、颗粒间胶结强度比等参数，然后进行恒定流量条件下的裂缝扩展模拟，最终水力裂缝与天然裂缝交互扩展模拟结果与实验结果的对比如图7-2所示，水力裂缝扩展模拟所用的压裂参数如表7-3所示。

表7-3　水力压裂裂缝扩展模拟所用压裂参数

| 类　别 | 裂缝倾角30° | 裂缝倾角60° |
|---|---|---|
| 压裂液黏度/mPa·s | 135 | 135 |
| 压裂液排量/(m³/s) | $4.2 \times 10^{-9}$ | $4.2 \times 10^{-9}$ |
| 最大水平主应力/MPa | 13 | 10 |
| 最小水平主应力/MPa | 3 | 3 |
| 胶结拉伸强度比(天然裂缝/储层基质) | 0.4 | 0.5 |
| 胶结剪切强度比(天然裂缝/储层基质) | 0.4 | 0.5 |

如图 7 - 2 所示，不同条件下水力裂缝和天然裂缝交互扩展结果差异很大，当天然裂缝倾角为 30°，两向应力差为 10MPa 时，室内水力压裂实验结果和数值模拟结果都表明水力裂缝首先沿着最大水平主应力方向扩展，当水力裂缝遇到天然裂缝后被天然裂缝阻挡，然后偏转至天然裂缝的尖端起裂，最后继续向前扩展；当天然裂缝倾角为 60°，两向应力差为 7MPa 时，水力裂缝沿着最大水平主应力方向扩展，遇到天然裂缝后直接穿越天然裂缝继续向前扩展，没有产生明显的偏转迹象。图 7 - 2 所示的对比结果整体验证了本书建立的水力裂缝与天然裂缝交互扩展数值模拟模型的准确性。

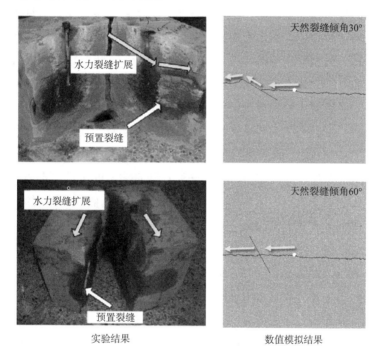

实验结果             数值模拟结果

图 7 - 2 裂缝扩展数值模拟结果与实验结果的对比

## 7.2 水力裂缝与倾斜天然裂缝交互扩展规律

在上一节建立的水力压裂裂缝扩展模型基础上，本节研究分析了相同地应力差，不同胶结强度比和压裂液黏度条件下，水力裂缝与低角度天然裂缝(30°)和高角度天然裂缝(60°)的交互扩展规律。

### 7.2.1 不同胶结强度比下水力裂缝与倾斜缝交互扩展规律对比

假设天然裂缝与储层基质的胶结拉伸强度比和胶结剪切强度比相等，在储层不可渗透不考虑渗流力条件下，首先对水力裂缝与胶结强度比分别为0.3、0.4、0.5和1.5的低角度天然裂缝(30°)的交互扩展过程进行了模拟，裂缝扩展结果如图7-3~图7-6所示，cycle代表循环迭代的时间步，两向应力差为7MPa。

从图7-3可以看出，当胶结强度比等于0.3，天然裂缝胶结较弱时，水力裂缝从井筒起裂后开始沿着最大水平主应力方向扩展；当水力裂缝逐渐靠近天然裂缝时，天然裂缝因为应力阴影作用开始产生剪切滑移，部分天然裂缝被激活产生了拉伸裂纹和剪切裂纹，而水力裂缝被天然裂缝"吸引"，向裂缝上端稍有偏转；当水力裂缝与天然裂缝相交时，天然裂缝被大量激活产生了以剪切破坏为主的裂纹；随着注液的进一步进行，水力裂缝暂时被天然裂缝阻挡，主裂缝通道开启分叉裂缝且分叉裂缝被天然裂缝吸引，逐渐与天然裂缝沟通，当分叉裂缝与天然裂缝完全沟通后，水力裂缝偏转至天然裂缝尖端附近起裂，最后继续向前扩展。当胶结强度比提高至0.4，如图7-4所示，当水力裂缝与天然裂缝相交时，天然裂缝才开始被激活产生了剪切裂纹和拉伸裂纹；随着注液的进行，水力裂缝上侧的天然裂缝被逐渐完全激活产生了大量的剪切裂纹，而下侧的天然裂缝未被激活，水力裂缝通道也未产生分叉裂缝；最后水力裂缝偏转至天然裂缝上侧尖端起裂，然后继续向前扩展。当胶结强度比等于0.5，天然裂缝胶结较强时，如图7-5所示，水力裂缝与天然裂缝相交时并未激活天然裂缝，而是偏转了很小一段距离后从天然裂缝壁面穿过，而且水力裂缝穿过天然裂缝后其裂缝迂曲度明显增加，但整体依旧沿着最大水平主应力方向扩展。当胶结强度比等于1.5，天然裂缝胶结强于储层基质时，如图7-6所示，水力裂缝与天然裂缝相交时，直接穿过天然裂缝，并未产生明显偏转。

综上所述，对于30°的低角度天然裂缝，当天然裂缝胶结强度较弱时，水力裂缝会被天然裂缝暂时阻挡，然后激活开启天然裂缝，使得天然裂缝产生了以剪切破坏为主的裂纹，最后水力裂缝会偏转至天然裂缝尖端附近起裂，继续向前扩展，其主裂缝壁面有可能产生可以沟通天然裂缝的分叉裂缝。随着天然裂缝胶结强度的增强，水力裂缝激活开启天然裂缝的能力大幅减弱，而且水力裂缝逐渐倾向于直接穿过天然裂缝向前扩展。天然裂缝胶结强度较弱时，水力裂缝被天然裂缝暂时阻挡的时间较长，其裂缝延伸速度较慢；当天然裂缝胶结强度较强时，水力裂缝扩展速度会大幅加快。

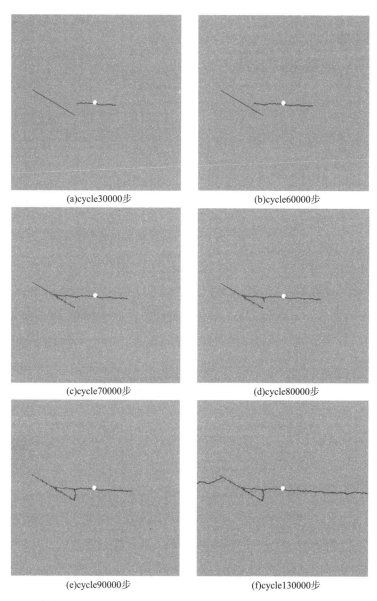

(a)cycle30000步

(b)cycle60000步

(c)cycle70000步

(d)cycle80000步

(e)cycle90000步

(f)cycle130000步

图 7 - 3　胶结强度比 0.3 条件下水力裂缝与低角度天然裂缝(30°)交互扩展过程

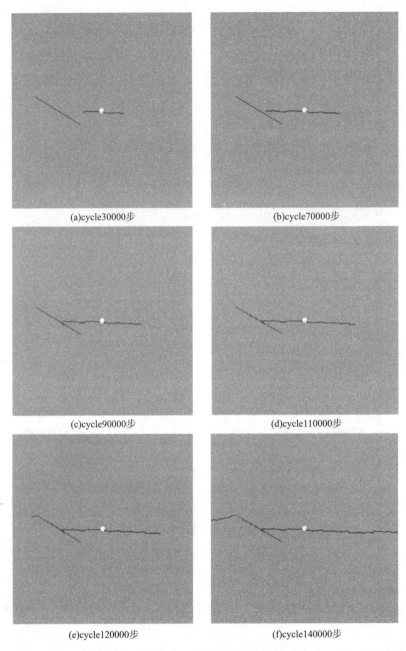

(a)cycle30000步　　　　　　　　　　(b)cycle70000步

(c)cycle90000步　　　　　　　　　　(d)cycle110000步

(e)cycle120000步　　　　　　　　　　(f)cycle140000步

图 7 - 4　胶结强度比 0.4 条件下水力裂缝与低角度天然裂缝(30°)交互扩展过程

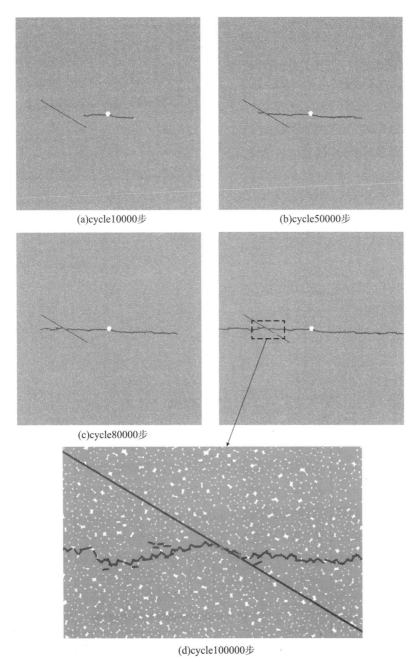

(a)cycle10000步

(b)cycle50000步

(c)cycle80000步

(d)cycle100000步

图7-5 胶结强度比0.5条件下水力裂缝与低角度天然裂缝(30°)交互扩展过程

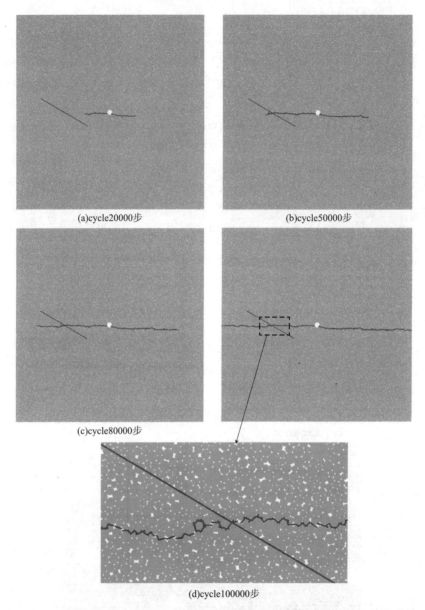

(a)cycle20000步　　　　　　　　　　(b)cycle50000步

(c)cycle80000步

(d)cycle100000步

**图 7 - 6　胶结强度比 1.5 条件下水力裂缝与低角度天然裂缝(30°)交互扩展过程**

图 7 - 7 ~ 图 7 - 10 所示是在储层不可渗透不考虑渗流力条件下，水力裂缝与胶结强度比分别为 0.3、0.4、0.5 和 1.5 的高角度天然裂缝(60°)的交互扩展过程模拟图，cycle 代表循环的时间步，两向应力差为 7MPa。

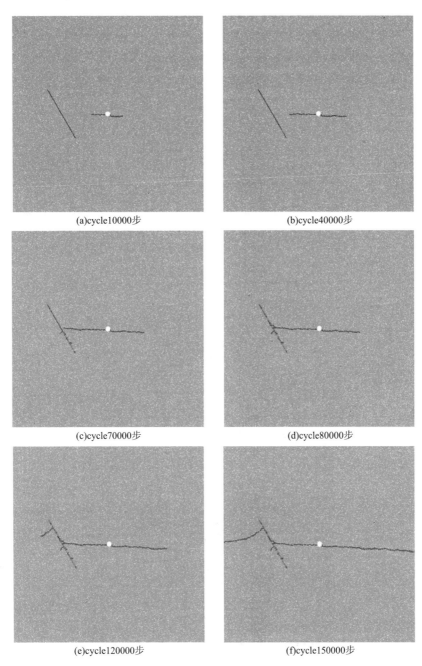

(a)cycle10000步

(b)cycle40000步

(c)cycle70000步

(d)cycle80000步

(e)cycle120000步

(f)cycle150000步

图 7-7 胶结强度比 0.3 条件下水力裂缝与高角度天然裂缝(60°)交互扩展过程

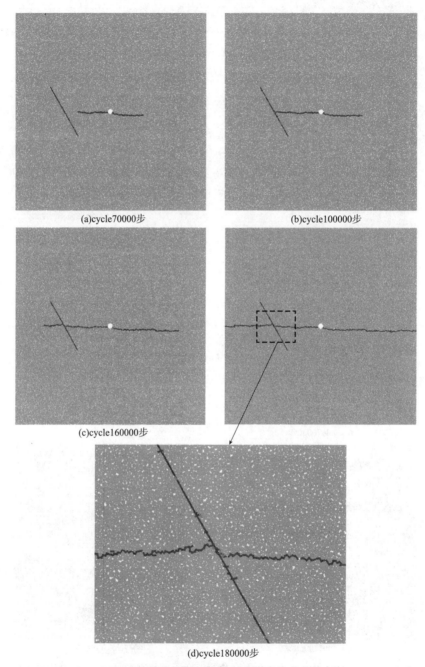

(a)cycle70000步　　　　　　　(b)cycle100000步

(c)cycle160000步

(d)cycle180000步

图7-8　胶结强度比0.4条件下水力裂缝
与高角度天然裂缝(60°)交互扩展过程

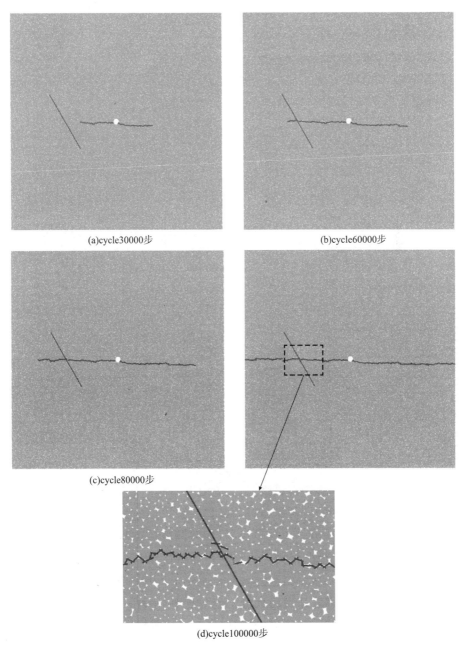

(a)cycle30000步

(b)cycle60000步

(c)cycle80000步

(d)cycle100000步

图 7 - 9　胶结强度比 0.5 条件下水力裂缝
与高角度天然裂缝(60°) 交互扩展过程

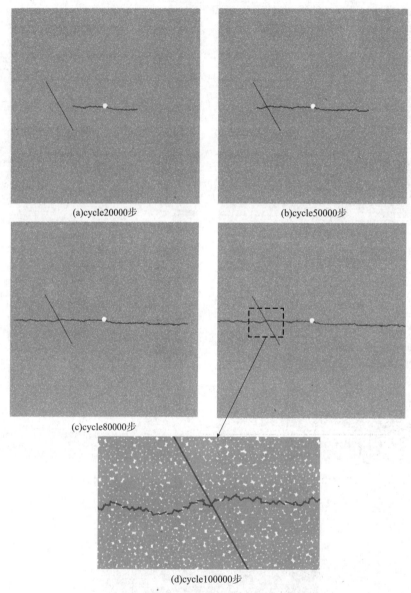

(a)cycle20000步   (b)cycle50000步

(c)cycle80000步   (d)cycle100000步

图 7-10   胶结强度比 1.5 条件下水力裂缝
与高角度天然裂缝(60°)交互扩展过程

从图 7 - 7 可以看出，当胶结强度比等于 0.3，天然裂缝胶结较弱时，水力裂缝从井筒起裂后同样沿着最大水平主应力方向扩展，在距离天然裂缝较远位置时就已经激活并开启了少量的天然裂缝；当水力裂缝逐渐扩展与天然裂缝相交时，天然裂缝下侧被大量激活并产生了以剪切破坏为主的裂纹，天然裂缝的壁面产生了较短的分叉裂缝；随着注液的进行，水力裂缝暂时被天然裂缝阻挡，而天然裂缝上侧进一步被激活开启产生了大量的剪切裂纹；最后当天然裂缝基本被完全激活时，水力裂缝从天然裂缝上侧靠近尖端的位置起裂，继续向前扩展。当胶结强度比提高至 0.4 时，如图 7 - 8 所示，当水力裂缝与天然裂缝相交时，天然裂缝才开始被激活并产生了少量的剪切裂纹和拉伸裂纹；然后随着注液的进行，水力裂缝偏转很小一段距离后穿过天然裂缝继续向前扩展。当胶结强度比等于 0.5，天然裂缝胶结较强时，如图 7 - 9 所示，水力裂缝与天然裂缝相交时并未激活天然裂缝产生偏转，而是直接穿过天然裂缝以后继续沿着最大水平主应力方向扩展。当胶结强度比等于 1.5，天然裂缝胶结强度强于储层基质时，如图 7 - 10 所示水力裂缝与天然裂缝相交后同样直接穿过天然裂缝，未产生明显偏转。

综上所述，对于 60°的高角度天然裂缝，当天然裂缝胶结强度较弱时，水力裂缝会被天然裂缝阻挡，然后同样激活并开启了天然裂缝，使得天然裂缝产生了以剪切破坏为主的裂纹，此后水力裂缝会偏转一段距离从天然裂缝上侧薄弱处起裂，继续沿着最大水平主应力方向扩展。随着天然裂缝胶结强度的增强，水力裂缝激活开启天然裂缝的能力大幅减弱，水力裂缝倾向于直接穿过天然裂缝向前继续延伸。天然裂缝胶结强度较弱时，水力裂缝被天然裂缝暂时阻挡的时间较长，裂缝延伸速度较慢；当天然裂缝胶结强度较强时，水力裂缝扩展速度会大幅提升。

此外，对比不同强度比下低角度天然裂缝和高角度天然裂缝的裂缝扩展模拟结果图可以看出，相比较 30°的低角度天然裂缝，60°高角度天然裂缝条件下水力裂缝更加倾向于直接穿过天然裂缝；当天然裂缝胶结强度较弱时（强度比等于 0.3 和 0.4），相比较 30°的低角度天然裂缝，60°高角度天然裂缝条件下水力裂缝被天然裂缝阻挡后偏转的距离也有所减小。

在上述裂缝扩展模拟结果的基础上，进一步对水力裂缝与天然裂缝相交时刻，水力裂缝周围产生的诱导应力场情况进行了分析，其不同条件下 $y$ 方向正应力场和剪应力场模拟结果分别如图 7 - 11 和图 7 - 12 所示。

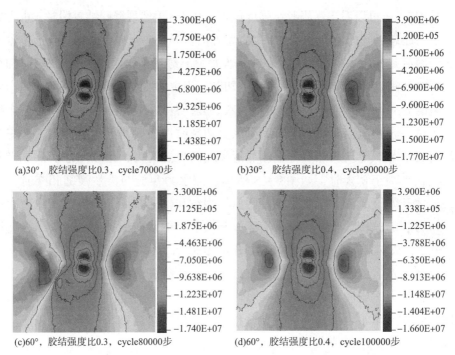

(a)30°，胶结强度比0.3，cycle70000步      (b)30°，胶结强度比0.4，cycle90000步

(c)60°，胶结强度比0.3，cycle80000步      (d)60°，胶结强度比0.4，cycle100000步

图 7 - 11    不同胶结强度比条件下 $y$ 方向应力分布图(水力裂缝与天然裂缝相交时)

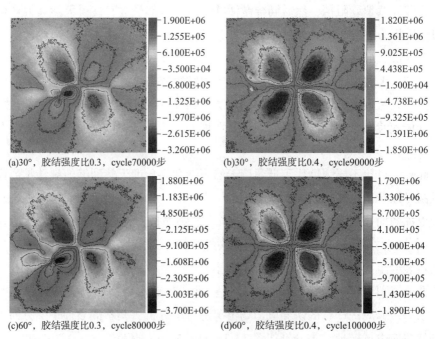

(a)30°，胶结强度比0.3，cycle70000步      (b)30°，胶结强度比0.4，cycle90000步

(c)60°，胶结强度比0.3，cycle80000步      (d)60°，胶结强度比0.4，cycle100000步

图 7 - 12    不同胶结强度比条件下剪应力分布图(水力裂缝与天然裂缝相交时)

如图 7-11 所示，当水力裂缝与天然裂缝相交时，不同胶结强度比条件下，水力裂缝左右两侧 y 方向诱导应力场差异较大，相比没有天然裂缝的右侧，左侧区域受天然裂缝影响，y 方向诱导应力场产生了明显的扰动。当天然裂缝倾角分别为 30°和 60°，胶结强度比为 0.3 时，其水力裂缝左侧尖端的深色应力拉伸区域相比水力裂缝右侧尖端的应力拉伸区域要更加不规则，左侧区域拉伸作用无法集中在水力裂缝尖端，所以导致水力裂缝暂时被天然裂缝阻挡(图 7-3 和图 7-7)，但由于左侧拉伸作用区域比较分散，因此可能激活开启天然裂缝，导致弱胶结的天然裂缝产生了一些拉伸裂纹。当胶结强度比为 0.4 时，在天然裂缝倾角 60°条件下，其水力裂缝左右两侧深色的拉伸作用区域已经较为接近，因此裂缝扩展结果显示水力裂缝没有被阻挡和特别明显的偏转，而是穿过了天然裂缝(图 7-8)；但在天然裂缝倾角 30°条件下，水力裂缝左侧尖端的深色应力拉伸作用区域明显弱于右侧的拉伸作用区域，因此水力裂缝依旧在左侧被天然裂缝暂时阻挡(图 7-4)。

如图 7-12 所示，当水力裂缝与天然裂缝相交时，弱胶结强度比条件下，水力裂缝左右两侧周围的剪应力诱导应力场差异同样较大，相比较没有天然裂缝的右侧，左侧区域受天然裂缝影响剪应力场产生了明显的扰动。当天然裂缝倾角分别为 30°和 60°，胶结强度比为 0.3 时，水力裂缝在左侧诱导产生的剪应力场其作用范围和大小明显强于右侧水力裂缝诱导产生的剪应力场，因此在诱导剪应力场作用下，弱胶结的天然裂缝被激活和开启产生了以剪切破坏为主的裂纹(图 7-3 和图 7-7)。当胶结强度比为 0.4 时，无论是低角度天然裂缝还是高角度天然裂缝，水力裂缝周围产生的剪应力诱导应力场都没有被明显扰动，整体呈对称分布，左右两侧没有特别明显的差异，但天然裂缝倾角 30°条件下水力裂缝周围产生的剪应力诱导应力场要比天然裂缝倾角 60°条件下水力裂缝周围产生的剪应力诱导应力场作用范围和强度都更大一些，因此裂缝扩展结果显示(图 7-4 和图 7-8)倾角 60°的天然裂缝被诱导剪应力场激活开启的剪切裂纹数量要少于倾角 30°天然裂缝被激活开启的剪切裂纹数量。

## 7.2.2 不同压裂液黏度下水力裂缝与倾斜缝交互扩展规律对比

第 6 章的研究已经表明，压裂液黏度是影响水力裂缝扩展过程中裂缝周围渗流力作用范围的主控因素，压裂液黏度越小，主裂缝延伸过程中裂缝周围岩石颗粒所受渗流力的作用范围越大。基于此，本节在上一节的基础上，重点研究压裂液黏度对不同胶结强度比下水力裂缝与倾斜天然裂缝交互扩展规律的影响。

如图 7-13 和图 7-14 所示，在天然裂缝倾角 30°条件下，当天然裂缝胶结较弱时(胶结强度比等于 0.3 和 0.4)，压裂液黏度对水力裂缝和天然裂缝交互扩展结果影响很大。当胶结强度比等于 0.3 时，相比不可渗透储层不考虑渗流力的情况，虽然 100mPa·s 高黏度压裂液流体渗流作用较弱，但使得水力裂缝壁面开启了长短不一的分叉裂缝；当压裂液黏度降低至 50mPa·s 时，流体渗流进入储层渗流力作用下，水力裂缝与天然裂缝相交位置附近开启了大量的次生裂缝，渗流力作用显著增强了水力裂缝与低角度弱胶结天然裂缝相互沟通的能力；进一步

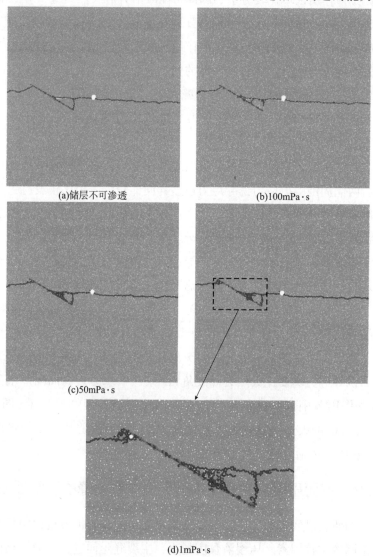

(a)储层不可渗透          (b)100mPa·s

(c)50mPa·s

(d)1mPa·s

图 7-13　不同压裂液黏度下水力裂缝与低角度天然裂缝(30°)
交互扩展较结果(胶结强度比 0.3)

的当压裂液黏度降低至1mPa·s时，渗流力作用大幅增强，水力裂缝与天然裂缝交互过程中受渗流力作用影响，相交位置附近产生了更多的次生裂缝，天然裂缝尖端附近也开启了少量次生裂缝，整体形成了复杂的裂缝网络系统。当胶结强度比等于0.4时，相比储层不可渗透不考虑渗流力的情况，100mPa·s高黏度压裂液流体渗流作用较弱，但仍然使得水力裂缝在靠近天然裂缝的位置开启了与天然裂缝相互沟通的分叉裂缝；随着压裂液黏度的降低，渗流力作用使得水力裂缝壁面开启了更多的与天然裂缝相互沟通的分叉裂缝，渗流力作用增强了水力裂缝与倾斜天然裂缝相互沟通的能力。

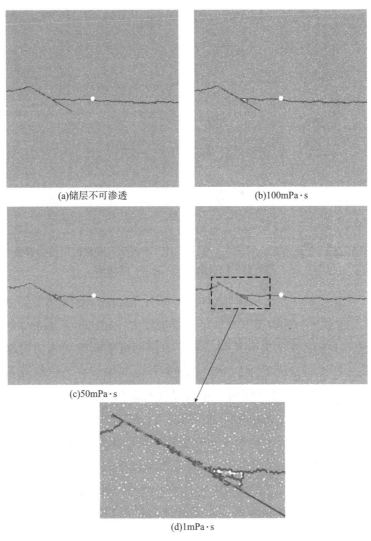

(a)储层不可渗透     (b)100mPa·s

(c)50mPa·s

(d)1mPa·s

图7-14 不同压裂液黏度下水力裂缝与低角度天然裂缝(30°)
交互扩展结果(胶结强度比0.4)

对比图 7-13 和图 7-14 可以看出，天然裂缝胶结较弱时，压裂液黏度越小，渗流力作用下水力裂缝与天然裂缝相互沟通的能力越强，天然裂缝周围越有可能激发出次生裂缝形成复杂的裂缝网络系统。然而，如图 7-15 所示，在天然裂缝倾角 30°条件下，当天然裂缝胶结较强时(胶结强度比等于 0.5 和 1.5 时)，不同压裂液黏度下裂缝扩展结果的差异几乎可以忽视，渗流力作用对水力裂缝与强胶结天然裂缝交互扩展结果的影响非常有限。综上所述，对于天然裂缝发育的非常规页岩储层，可以考虑降低压裂液黏度去增强渗流力作用，从而尽可能激活并沟通天然裂缝，提升缝网的复杂程度。

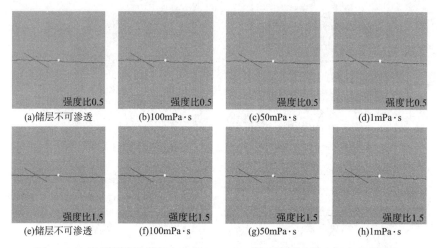

图 7-15　胶结强度比等于 0.5 和 1.5 时，不同压裂液黏度下水力裂缝与
低角度天然裂缝(30°)交互扩展结果

如图 7-16 所示，在天然裂缝倾角 60°条件下，当天然裂缝胶结强度比等于 0.3 时，压裂液黏度对裂缝交互扩展结果影响较大；相比不可渗透储层不考虑渗流力的情况，压裂液渗流进入储层，渗流力作用可能会改变水力裂缝偏转的轨迹，并使得天然裂缝壁面产生的分叉裂缝延伸距离增长；当压裂液黏度降低至 1mPa·s，渗流力作用大幅增强时，水力裂缝通道产出分叉裂缝且分叉裂缝被天然裂缝吸引与天然裂缝之间相互沟通，同时天然裂缝周围受渗流力作用影响开启了不少的次生裂缝，形成了较为复杂的裂缝系统。此外，从图 7-17 可以看出，相比较倾角 30°的低角度天然裂缝，60°高角度天然裂缝在胶结强度比大于 0.4 时，渗流力作用的影响就已经变得非常微弱，不同压裂液黏度下裂缝扩展结果差异很小，渗流力作用对高角度倾斜天然裂缝的影响相比较低角度天然裂缝要弱一些。

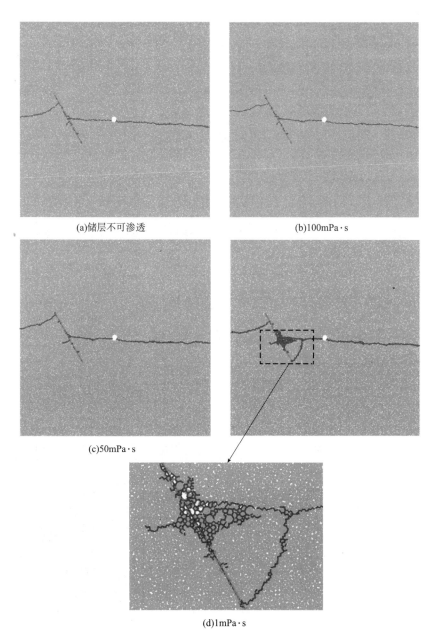

(a)储层不可渗透

(b)100mPa·s

(c)50mPa·s

(d)1mPa·s

图 7 – 16   不同压裂液黏度下水力裂缝与高角度天然裂缝(60°)
交互扩展结果(胶结强度比 0.3)

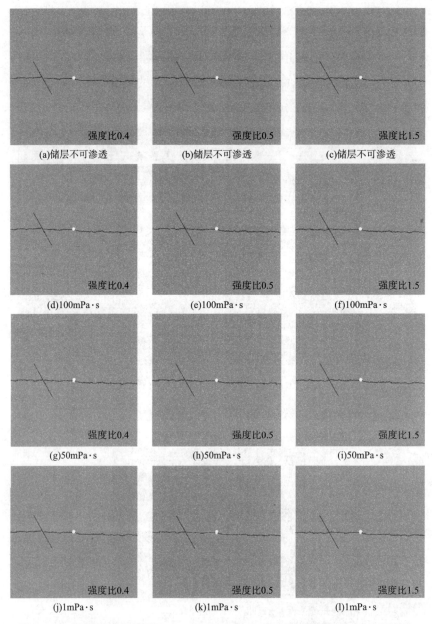

图 7-17　胶结强度比等于 0.4、0.5 和 1.5 时，不同压裂液黏度下水力裂缝与
高角度天然裂缝(60°)交互扩展结果

## 7.3 水力裂缝与平行天然裂缝交互扩展规律

### 7.3.1 不同位置下水力裂缝与平行缝交互扩展规律对比

上一节通过在水力裂缝延伸轨迹上预设倾斜天然裂缝的方式，研究了水力裂缝与天然裂缝交互扩展过程，研究结果表明天然裂缝与储层基质的胶结强度比对裂缝扩展结果影响显著，渗流力作用对水力裂缝与弱胶结天然裂缝交互扩展过程的影响更大一些。实际上，在水力压裂裂缝扩展过程中，水力裂缝不仅会和主裂缝延伸轨迹上的天然裂缝产生交互影响，而且会和主裂缝通道周围未相交的天然裂缝产生相互作用。基于此，本节将在上一节的基础上，通过在水力裂缝延伸轨迹周围不同位置处预设天然裂缝的方式，研究水力裂缝与主裂缝通道周围非相交天然裂缝的交互扩展过程。由于沉积作用影响，储层基质中平行于最大水平主应力方向的天然裂缝分布更为广泛，因此本节重点研究胶结强度比 0.3 条件下，水力裂缝与不同位置处平行于最大水平主应力方向的天然裂缝的交互扩展过程。图 7-18～图 7-21 所示是不同天然裂缝位置条件下，储层基质不可渗透不考虑渗流力作用时，水力裂缝与主裂缝通道周围平行天然裂缝的交互扩展过程模拟图；其中 cycle 代表循环的时间步，两向应力差为 7MPa；通过改变天然裂缝与 $x$ 轴的垂向距离控制天然裂缝的相对位置。

当天然裂缝与主裂缝通道距离较近时，如图 7-18 所示，水力裂缝从井筒起裂后开始沿着 $x$ 方向即最大水平主应力方向扩展；当水力裂缝逐渐靠近天然裂缝时，部分天然裂缝因为应力阴影作用被激活，产生了拉伸裂纹，而水力裂缝被天然裂缝"吸引"，向天然裂缝方向上端稍有偏转；随着水力裂缝继续向前扩展，天然裂缝逐渐被完全激活产生了以拉伸破坏为主的裂纹，而水力裂缝被天然裂缝吸引和天然裂缝相交；最后随着注液的进行，水力裂缝停止扩展，主裂缝壁面开启了与天然裂缝相互沟通的分叉裂缝，而天然裂缝尖端起裂出新裂缝代替主裂缝继续向前扩展。随着天然裂缝与主裂缝通道距离的增大，如图 7-19 所示，水力裂缝从井筒起裂后靠近天然裂缝过程中并未激活天然裂缝；当水力裂缝逐渐扩展越过天然裂缝一段距离后，部分天然裂缝才被激活开启；进一步随着注液的进行，水力裂缝逐渐被天然裂缝吸引过去，与此同时天然裂缝被大量激活开启，产生了以拉伸破坏为主的裂纹；最后天然裂缝尖端起裂出新裂缝，新裂缝向前扩展过程中水力裂缝与之相互沟通。

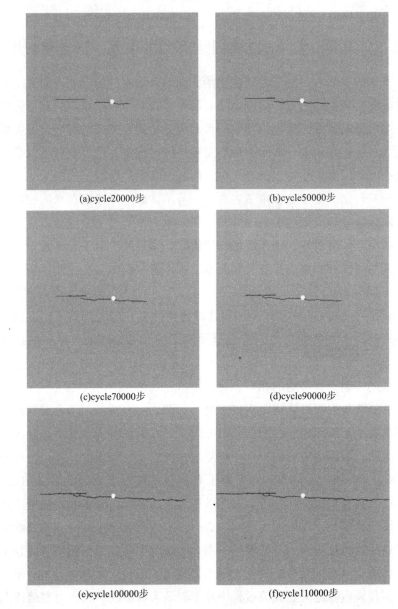

(a)cycle20000步  (b)cycle50000步

(c)cycle70000步  (d)cycle90000步

(e)cycle100000步  (f)cycle110000步

图 7 –18　水力裂缝与平行天然裂缝交互扩展过程(天然裂缝距 $x$ 轴距离为 1. 25cm)

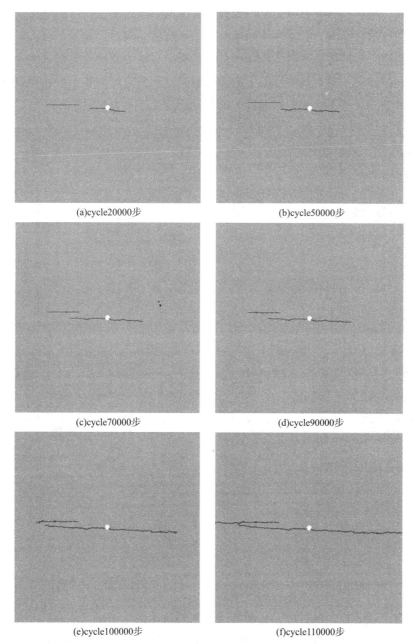

(a)cycle20000步　　　　　　　　　(b)cycle50000步

(c)cycle70000步　　　　　　　　　(d)cycle90000步

(e)cycle100000步　　　　　　　　(f)cycle110000步

图 7 - 19　水力裂缝与平行天然裂缝交互扩展过程(天然裂缝距 $x$ 轴距离为 2.5cm)

当天然裂缝与主裂缝通道距离较远时，如图7-20所示，水力裂缝沿着最大水平主应力方向扩展过程中，越过天然裂缝较长一段距离后才激活开启了少量的天然裂缝；随着注液的进行，水力裂缝继续向前扩展，并未出现明显的被天然裂缝吸引的迹象，但水力裂缝继续激活开启了一些天然裂缝。随着平行天然裂缝与主裂缝通道距离的进一步增大，如图7-21所示，水力裂缝沿着最大水平主应力方向扩展过程中，对天然裂缝的影响大幅衰减，天然裂缝并未出现明显的被激活开启的迹象，水力裂缝和天然裂缝间的相互影响几乎可以忽视。

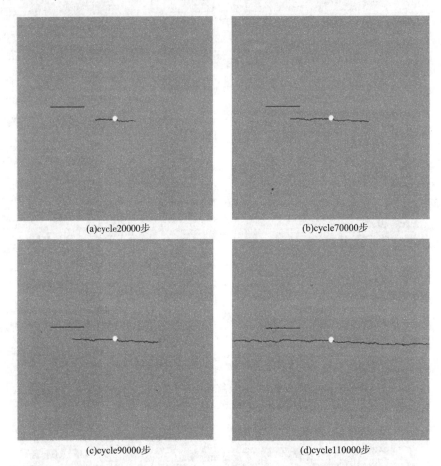

(a)cycle20000步

(b)cycle70000步

(c)cycle90000步

(d)cycle110000步

图7-20 水力裂缝与平行天然裂缝交互扩展过程(天然裂缝距 $x$ 轴距离为3.25cm)

综合上述分析可以看出，在弱胶结天然裂缝条件下，当天然裂缝与主裂缝通道距离较近时，水力裂缝扩展过程中会激活并开启平行天然裂缝，使得平行天然裂缝产生了以拉伸破坏为主的裂纹；水力裂缝扩展过程中会逐渐被天然裂缝吸引，向天然裂缝的方向进行延伸，与此同时天然裂缝尖端会起裂出新裂缝，而水力裂缝会逐渐停止扩展，最终和激活的天然裂缝或者新裂缝相互沟通，天然裂缝尖端起裂的新裂缝则会取代水力裂缝继续向前扩展。随着天然裂缝与主裂缝通道距离的增大，水力裂缝激活开启天然裂缝的能力大幅衰减，天然裂缝吸引水力裂缝的能力随之降低，当天然裂缝与主裂缝通道距离较大时，水力裂缝和天然裂缝间的相互作用几乎可以忽视。

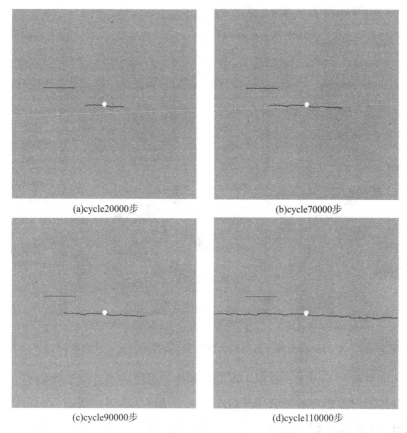

(a)cycle20000步    (b)cycle70000步

(c)cycle90000步    (d)cycle110000步

图7-21　水力裂缝与平行天然裂缝交互扩展过程(天然裂缝距 $x$ 轴距离为5.0cm)

此外，本书对水力裂缝扩展过程中不同时间步长下裂缝周围产生的诱导应力场进行了分析，其 $y$ 方向应力分布云图如图7-22所示，其中黑色短划线是 $x$ 轴基准线。从图7-22可以看出，水力裂缝扩展过程中，水力裂缝左右两侧 $y$ 方向诱导应力场差异较大，相比没有天然裂缝的右侧，左侧区域受天然裂缝影响，$y$ 方向诱导应力场同倾斜裂缝情况一样产生了明显的扰动。当时间步等于50000步时，水力裂缝在左侧尖端诱导产生的深色拉伸应力区域的作用范围和大小明显弱于右侧水力裂缝尖端诱导产生的拉伸应力场，相比较基准线 $x$ 轴，左侧深色拉伸区域明显向上方偏移，因此导致水力裂缝开始向 $x$ 轴上方天然裂缝方向延伸扩展（图7-18）；随着时间步的增大，水力裂缝左侧的深色拉伸区域进一步向上方偏移，导致水力裂缝进一步被天然裂缝吸引，但由于左侧拉伸作用区域分布比较分散，无法集中在水力裂缝尖端，因此导致水力裂缝扩展速度变缓最终停止延伸；当时间步等于100000步时，左右两侧的拉伸应力区域都比较集中，但不同点在于左侧拉伸区域主要集中在 $x$ 轴上方靠近天然裂缝的位置，所以导致天然裂缝尖端起裂出新裂缝代替水力裂缝向前扩展。

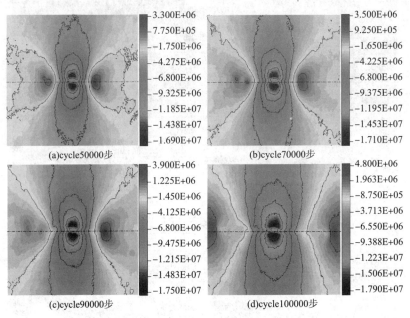

图 7-22　水力裂缝周围 $y$ 方向应力分布图（天然裂缝距 $x$ 轴距离为 1.25cm）

上述的分析已经表明，储层不可渗透不考虑渗流力条件下，倾斜裂缝与水力裂缝交互扩展过程中容易被激活开启产生以剪切破坏为主的裂缝，而平行裂缝与水力裂缝交互扩展过程中容易被激活开启产生以拉伸破坏为主的裂缝。为了进一步分析造成这种现象的原因，本书对距离主缝 1.25cm 平行缝条件下和胶结强度比 0.3、60°倾斜缝条件下裂缝扩展过程中颗粒速度的矢量场进行了分析，结果如图 7-23 所示，其中箭头的方向代表颗粒的速度方向，箭头的颜色代表速度矢量的模，颜色越浅，速度矢量的模越大。

从图 7-23 可以看出，水力裂缝与平行天然裂缝交互扩展过程中，天然裂缝周围颗粒的速度矢量方向主要是对向方向，天然裂缝周围的颗粒将产生对向运动，其作用主要是将颗粒间接触黏结拉伸破坏，因此最终主要形成了拉伸裂纹；此外水力裂缝靠近天然裂缝过程中，其裂缝尖端上侧颗粒速度的方向主要是朝着天然裂缝的方向，而且速度矢量的模相比水力裂缝下侧颗粒速度矢量的模更大，因此导致水力裂缝向天然裂缝方向延伸扩展。然而水力裂缝与倾斜天然裂缝交互扩展过程中，天然裂缝下侧颗粒的速度方向主要沿着裂缝壁面朝下进行滑移，而天然裂缝上侧颗粒的速度方向主要是朝着天然裂缝壁面方向对颗粒进行挤压，这就导致颗粒间接触黏结主要发生剪切破坏，产生了以剪切破坏为主的裂纹。

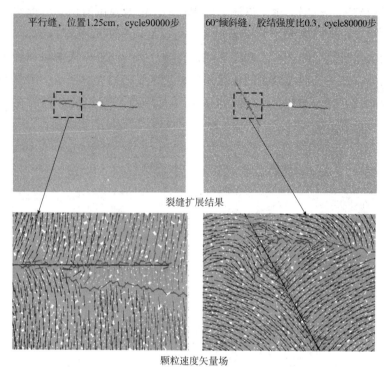

图 7 – 23　不同裂缝扩展情况下颗粒速度矢量场分布

## 7.3.2　不同压裂液黏度下水力裂缝与平行缝交互扩展规律对比

在上一节基础上，本节研究了不同位置平行天然裂缝条件下，压裂液黏度对平行缝与水力裂缝交互扩展规律的影响。裂缝扩展结果如图 7 – 24 ~ 图 7 – 27 所示，其中储层不可渗透不考虑渗流力的裂缝扩展结果为参考组，两向应力差为 7MPa。

从图 7 – 24 和图 7 – 25 可以看出，当天然裂缝与主裂缝通道距离较近时，相比储层不可渗透不考虑渗流力的情况，压裂液渗流进入储层，渗流力作用下水力裂缝向天然裂缝方向延伸扩展的趋势增大，天然裂缝"吸引"水力裂缝的能力增强。储层不可渗透不考虑渗流力作用时，水力裂缝与天然裂缝交互扩展过程中，主裂缝壁面产生的分叉裂缝较少，与天然裂缝相互沟通的能力较差，然而当压裂液渗流进入储层，在渗流力作用下水力裂缝被天然裂缝吸引后，主裂缝壁面开启了更多的与天然裂缝相互沟通的分叉裂缝，压裂液渗流进入储层渗流力作用增强了水力裂缝与天然裂缝相互沟通的能力。从图 7 - 26 和图 7 - 27 可以看出，当天然裂缝与主裂缝通道距离较远时，相比储层不可渗透不考虑渗流力的情况，高黏度压裂液渗流进入储层，由于渗流力作用较弱，波及范围有限，因此水力裂缝与天然裂缝交互扩展结果差异并不是很大。当压裂液黏度降低至1mPa·s，渗流力作用范围增强时，从图 7 - 24 和图 7 - 25 裂缝扩展的局部放大图可以看出渗流力作用下水力裂缝与天然裂缝之间相互作用产生了复杂的裂缝系统；天然裂缝距离主裂缝壁面较近时(1.25cm)，水力裂缝与天然裂缝交互扩展过程中在主裂缝周

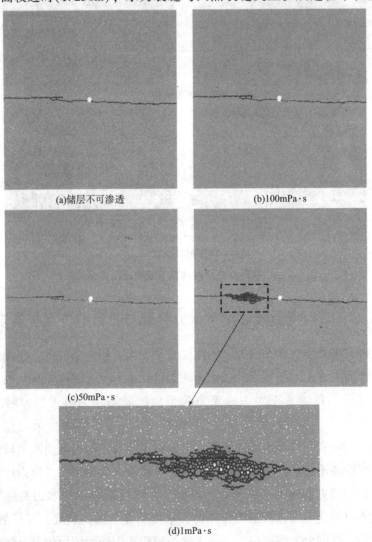

图 7 - 24   天然裂缝距 $x$ 轴距离为 1.25cm 时，不同压裂液黏度条件下
水力裂缝与平行天然裂缝交互扩展结果

围产生了大量的次生裂缝，形成了复杂的裂缝网络；而天然裂缝距离主裂缝壁面距离增大时(2.5cm)，水力裂缝与天然裂缝交互扩展过程中其裂缝壁面都产生了分叉裂缝，裂缝间相互沟通能力大幅增强；即使天然裂缝距离主裂缝壁面较远时(3.25cm)，从图7-26裂缝扩展局部放大图可以看出1mPa·s的低黏度压裂液相比高黏度压裂液也显著激活并开启了更多的天然裂缝。然而，从图7-27可以看出即使压裂液黏度降低至1mPa·s，渗流力作用对距离主裂缝远的天然裂缝也没有明显的影响。

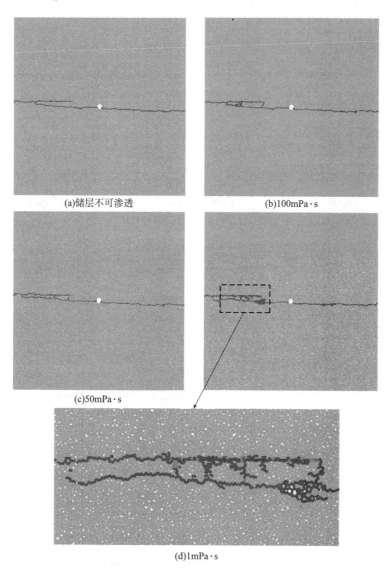

(a)储层不可渗透

(b)100mPa·s

(c)50mPa·s

(d)1mPa·s

图7-25　天然裂缝距 x 轴距离为 2.5cm 时，不同压裂液黏度条件下
水力裂缝与平行天然裂缝交互扩展结果

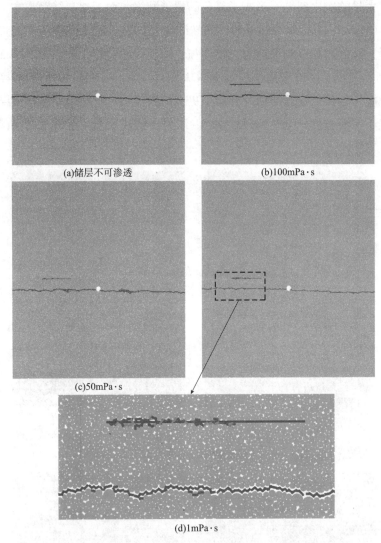

(a)储层不可渗透

(b)100mPa·s

(c)50mPa·s

(d)1mPa·s

**图 7 – 26　天然裂缝距 $x$ 轴距离为 3. 25cm 时，不同压裂液黏度条件下水力裂缝与平行天然裂缝交互扩展结果**

　　综合图 7 – 24 ~ 图 7 – 27，不同位置和压裂液黏度下水力裂缝与平行天然裂缝交互扩展结果可以看出，压裂液渗流进入储层，渗流力作用显著增强了水力裂缝与天然裂缝间相互沟通的能力，提高了距离较近的天然裂缝"吸引"水力裂缝的能力；压裂液黏度越小，渗流力作用越强时，水力裂缝与天然裂缝交互扩展过程中越有可能开启分叉裂缝和次生裂缝，形成复杂的裂缝网络。天然裂缝距离主裂缝通道越远，渗流力作用的影响越微弱，低黏度压裂液可能会在水力裂缝扩展过程中开启并激活距离主裂缝通道较远位置处的天然裂缝。

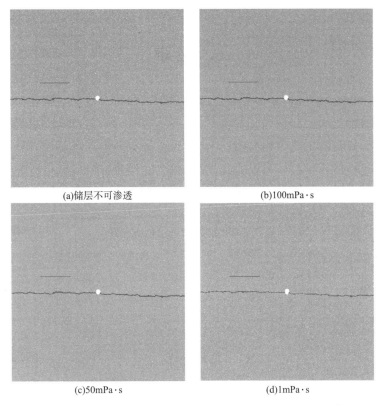

(a)储层不可渗透           (b)100mPa·s

(c)50mPa·s           (d)1mPa·s

图 7 – 27 天然裂缝距 $x$ 轴距离为 5.0cm 时，不同压裂液黏度条件下
水力裂缝与平行天然裂缝交互扩展结果

# 参考文献

[1] LAMBE T W, WHITMAN R V. Soil mechanics [M]. New York: John Wiley & Sons, 1969: 240.

[2] DAS B M. Advanced soil mechanics[M]. 3rd ed. New York: Taylor & Francis Group, 2008: 48.

[3] 邵龙潭, 郭晓霞. 有效应力新解[M]. 北京: 中国水利水电出版社, 2014: 28 – 30.

[4] 丁洲祥. 渗透力概念的力学分析及广义化探讨[J]. 岩土工程学报, 2017, 39(11): 2088 – 2101.

[5] Lee H P, Razavi O, Olson J E. Hydraulic fracture interaction with cemented natural fracture: a three dimensional discrete element method analysis[C]//SPE Hydraulic Fracturing Technology Conference and Exhibition. OnePetro, 2018: 1 – 12.

[6] Yang W, Li S, Geng Y, et al. Discrete element numerical simulation of two – hole synchronous hydraulic fracturing[J]. Geomechanics and Geophysics for Geo – Energy and Geo – Resources, 2021, 7(3): 1 – 15.

[7] Nermoen A, Korsnes R, Christensen H F, et al. Measuring the Biot stress coefficient and is implications on the Effective Stress Estimate [C]//47th US Rock Mechanics/Geomechanics Symposium. OnePetro, 2013: 1 – 14.

[8] He J, Rui Z, Ling K. A new method to determine Biot's coefficients of Bakken samples[J]. Journal of Natural Gas Science and Engineering, 2016, 35: 259 – 264.

[9] Berryman J G. Effective stress for transport properties of inhomogeneous porous rock[J]. Journal of Geophysical Research: Solid Earth, 1992, 97(B12): 17409 – 17424.

[10] 徐芝纶. 弹性力学(上册)[M]. 北京: 人民教育出版社, 2006, 19(8): 2.

[11] Terzaghi K, Peck R B, Mesri G. Soil mechanics in engineering practice [M]. John Wiley & Sons, 1996: 47.

[12] Hubbert M K, Willis D G. Mechanics of hydraulic fracturing[J]. Transactions of the AIME, 1957, 210(01): 153 – 168.

[13] Haimson, B, & Fairhurst, C. Hydraulic fracturing in porous – permeable materials[J]. Journal of Petroleum Technology, 1969, 21(07), 811 – 817.

[14] Muqtadir A, Elkatatny S, Mahmoud M, et al. Effect of the type of fracturing fluid on the breakdown pressure of tight sandstone rocks[C]//SPE Kingdom of Saudi Arabia annual technical symposium and exhibition. OnePetro, 2018: 1 – 14.

[15] Ding Y, Liu X, Luo P. The analytical model of hydraulic fracture initiation for perforated borehole in fractured formation[J]. Journal of Petroleum Science and Engineering, 2018, 162: 502 – 512.

[16] Li Y. On initiation and propagation of fractures from deviated wellbores[M]. The University of Texas at Austin, 1991: 37.

[17] Weng X, Xu L, Magbagbeola O, et al. Analytical Model for Predicting Fracture Initiation Pressure from a Cased and Perforated Wellbore[C]//SPE International Hydraulic Fracturing Technology Conference and Exhibition. Society of Petroleum Engineers, 2018: 1 – 17.

[18] Zhou Z L, Zhang G Q, Xing Y K, et al. A laboratory study of multiple fracture initiation from perforation clusters by cyclic pumping[J]. Rock Mechanics and Rock Engineering, 2019, 52 (3): 827 – 840.

[19] Wei J, Huang S, Hao G, et al. A multi – perforation staged fracturing experimental study on hydraulic fracture initiation and propagation[J]. Energy Exploration & Exploitation, 2020, 38(6): 2466 – 2484.

[20] Hossain M M, Rahman M K, Rahman S S. Hydraulic fracture initiation and propagation: roles of wellbore trajectory, perforation and stress regimes[J]. Journal of petroleum science and engineering, 2000, 27(3 – 4): 129 – 149.

[21] Biot M A. General theory of three - dimensional consolidation[J]. Journal of applied physics, 1941, 12(2): 155 – 164.

[22] Biot M A. General solutions of the equations of elasticity and consolidation for a porous material [J]. 1956.

[23] Yew C H, Liu G. Pore fluid and wellbore stabilities[C]//International Meeting on Petroleum Engineering. OnePetro, 1992: 1 – 12.

[24] Geertsma J. Problems of rock mechanics in petroleum production engineering[C]//1st ISRM Congress. OnePetro, 1966: 1 – 14.

[25] Carslaw, H. S., & Jaeger, J. C. Conduction of heat in solids[M], Clarendon, 1959: 125.

[26] Ciarlet P G. Mathematical elasticity: Three – dimensional elasticity[M]. Society for Industrial and Applied Mathematics, 2021: 148.

[27] Li Q, Aguilera R, Cinco – Ley H. A Correlation for Estimating the Biot Coefficient[J]. SPE Drilling & Completion, 2020, 35(02): 151 – 163.

[28] Itasca C G. PFC2D – Particle flow code in 2 dimensions, version 4. 0 user's manual[J]. Minneapolis: Itasca Consulting Group, 2008.

[29] Shimizu H, Murata S, Ishida T. The distinct element analysis for hydraulic fracturing in hard rock considering fluid viscosity and particle size distribution[J]. International journal of rock mechanics and mining sciences, 2011, 48(5): 712 – 727.

[30] Liu G, Sun W C, Lowinger S M, et al. Coupled flow network and discrete element modeling of injection – induced crack propagation and coalescence in brittle rock[J]. Acta Geotechnica, 2019, 14(3): 843 – 868.

[31] 蒋明镜, 白闯平, 刘静德, 等. 岩石微观颗粒接触特性的试验研究[J]. 岩石力学与工程

学报, 2013, 32(06): 1121 – 1128.

[32] Bruno M S, Nakagawa F M. Pore pressure influence on tensile fracture propagation in sedimentary rock [ C ]//International journal of rock mechanics and mining sciences & geomechanics abstracts. Pergamon, 1991, 28(4): 261 – 273.

[33] Zhou J, Chen M, Jin Y, et al. Analysis of fracture propagation behavior and fracture geometry using a tri – axial fracturing system in naturally fractured reservoirs [ J ]. International Journal of Rock Mechanics and Mining Sciences, 2008, 45(7): 1143 – 1152.